Getriebelehre

II

Angewandte Getriebelehre

von

Dr.-Ing. Gisbert Lechner

vollständig überarbeitete Neuausgabe
des Werkes von *P. Grodzinski*

Mit 174 Bildern und 4 Tabellen

Sammlung Göschen Band 1062/1062 a/1062 b

Walter de Gruyter & Co · Berlin 1970

vormals G. J. Göschen'sche Verlagshandlung · J. Guttentag,
Verlagsbuchhandlung · Georg Reimer · Karl J. Trübner · Veit & Comp.

Prof. Dr. Rudolf Beyer

∗ 18.5.1892 † 27.11.1960

zum Gedächtnis

 Archiv-Nr. 79 31 69 4 – Satz: IBM-Composer, Walter de Gruyter & Co. – Druck: E. Rieder, Schrobenhausen – Printed in Germany

Inhaltsverzeichnis

1. Getriebe. Definition

Die Getriebelehre ist eine der Grundwissenschaften des Maschinenbaues und der Feinwerktechnik.
FRANKE [1] gibt diese umfassende Definition der Begriffe "Getriebe" und "Maschine":

> Ein Getriebe ist eine Vorrichtung zur Kopplung und Umwandlung von Bewegungen und Energien beliebiger Art.
> Eine Maschine ist ein Getriebe mit wenigstens einem mechanisch bewegten Getriebeteil.

2. Bauformen der Getriebe

Nach REULEAUX [2] unterscheidet man sechs Grundgetriebe:

1. Kurbelgetriebe
2. Kurvengetriebe
3. Schraubgetriebe
4. Sperrgetriebe
5. Rädergetriebe
6. Zug- und Druckmittelgetriebe

Diese Grundgetriebe sind in Bild 2.1 schematisch dargestellt. Zu den Kurbelgetrieben zählen das Viergelenkgetriebe und die Schubkurbel, zu den Rädergetrieben Zahnrad- und Reibradgetriebe und zu den Zugmittelgetrieben Riemen- und Kettentriebe aber nach HARTMANN [3] und FRANKE [1] auch die hydraulischen Getriebe.

Nach der Art der Bewegungsumwandlung unterscheidet man

1. gleichförmig übersetzende Getriebe und
2. ungleichförmig übersetzende Getriebe.

Ein weiteres Unterscheidungsmerkmal ist die geometrische Lage der Getriebeglieder zueinander. Man spricht daher von

1. ebenen Getrieben (z. B. ebenes Viergelenkgetriebe, Stirnradgetriebe, ebener Kurventrieb) und
2. räumlichen Getrieben (z. B. räumliches Viergelenkgetriebe, Kegelradgetriebe).

Drei Beispiele für räumliche Getriebe zeigt das Bild 2.2.

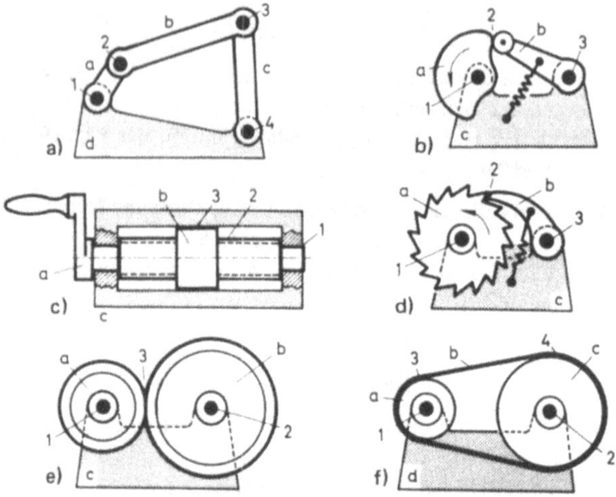

Bild 2.1: Die sechs Grundgetriebe nach REULEAUX.

a) Kurbelgetriebe	**d) Sperrgetriebe**
b) Kurvengetriebe	**e) Rädergetriebe**
c) Schraubgetriebe	**f) Zugmittelgetriebe**

Die Zahlen bezeichnen Gelenkstellen, die Buchstaben Glieder.

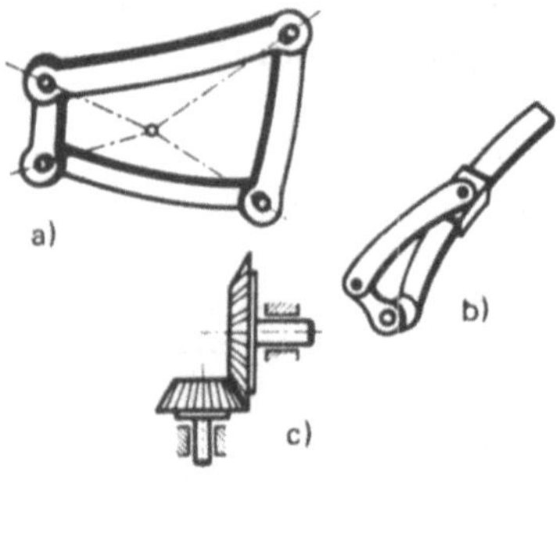

Bild 2.2: Beispiele für räumliche Getriebe.
a) Gelenkviereck
b) zentrische Schubkurbel
c) Kegelradgetriebe

3. Bauelemente der Getriebe

3. 1. Elementenpaare

Das Elementenpaar verbindet zwei bewegliche Getriebeglieder. Die *niederen Elementenpaare* sind dadurch gekennzeichnet, daß sie sich in Flächen berühren. Dadurch ergibt sich eine günstige Beanspruchung. Die Flächenpressung an den Berührungsstellen ist niedrig. Zu den niederen Elementenpaaren gehören z. B. Rundlings-, Schiebe- und Schraubenpaar, Bild 3.1.

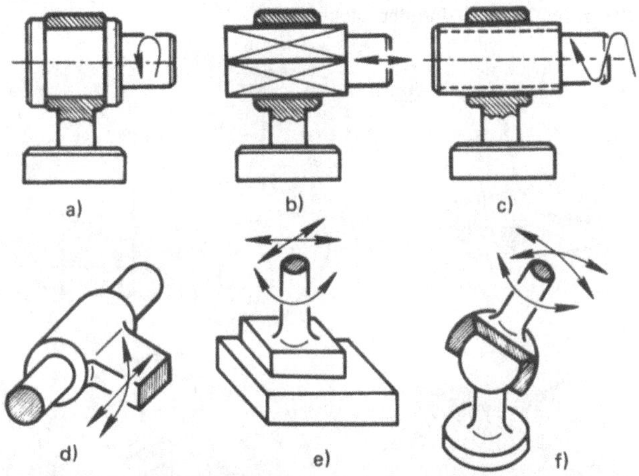

Bild 3.1: Niedere Elementenpaare. (f = Freiheitsgrad)
a) Drehkörper- oder Rundlingspaar; f = 1
b) Prismen- oder Schiebepaar; f = 1
c) Schraubenpaar; f = 1
d) Zylinderpaar; f = 2
e) Flächenpaar; f = 3
f) Kugelpaar; f = 3

Die *höheren Elementenpaare* haben Linien- oder Punktberührung. Die Beanspruchung ist dadurch ungünstiger als bei den niederen Elementenpaaren. Maßgebend ist die Hertzsche Pressung an der Berührungsstelle. Zu den höheren Elementenpaaren gehört z. B. das Kurvenpaar. Weitere Beispiele sind in Bild 3.2 zusammengestellt.

3. 2. Getriebeglieder

Die Getriebeglieder sind die Bauelemente der kinematischen Kette. Als *Gestell* wird das nicht bewegte Getriebeglied bezeichnet, auf das sich alle Bewegungsvorgänge beziehen. Man unterscheidet ferner *Antriebs-* und *Abtriebsglieder.* Diese werden durch die *Koppelglieder* miteinander verbunden (gekoppelt).

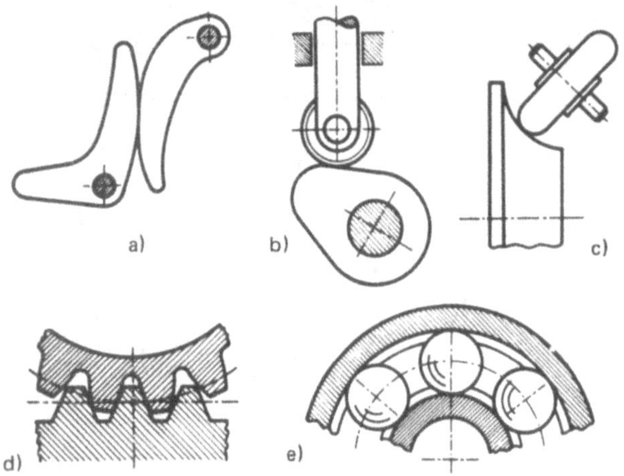

Bild 3.2: Höhere Elementenpaare (Wälzpaarungen). Nach [10]
a) Kurvenpaar (Wälzzwiegelenk); f = 2
b) Kurvenscheibe; f = 1
c) Reibräderpaar
d) Zahnflankenpaar
e) Wälzkörperpaar

3. 3. Kinematische Kette

Eine Anzahl durch Elementenpaare beweglich miteinander verbundene Getriebeglieder bezeichnet man als kinematische Kette, Bild 3.3. Man spricht von *offenen* und *geschlossenen Ketten.*

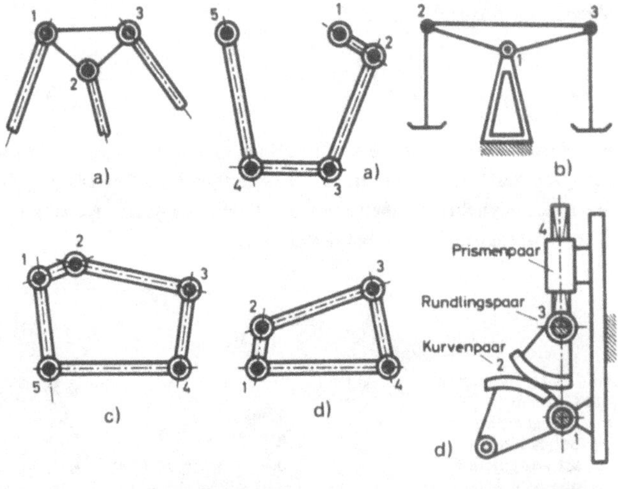

Bild 3.3: Kinematische Ketten.

a) offene Gelenkketten
b) Waage als Beispiel für eine offene Getriebekette
c) geschlossene, nicht zwangläufige Getriebekette
d) geschlossene, zwangläufige Ketten

Bildet man in einer geschlossenen kinematischen Kette ein Glied als Gestell aus und treibt man gleichzeitig ein Glied an so erhält man ein *Getriebe.*

4. Funktionsmerkmale der Getriebe

4. 1. Zwanglauf

Ein Getriebe ist zwangläufig, wenn alle Getriebeglieder gegeneinander genau definierte Bewegungen ausführen sobald eines oder mehrere Glieder angetrieben werden.

Die allgemeine Zwanglaufbedingung für ebene und räumliche Mechanismen lautet:

$$F = f_m \cdot (n - 1) - \sum_{1}^{e} (f_m - f) \qquad (4.1)$$

n = Anzahl der Glieder; e = Anzahl der Elementenpaare; f = Freiheitsgrad der Elementenpaare; F = Freiheitsgrad des Getriebes; f_m = maximal möglicher Freiheitsgrad der Elementenpaare, f_m = 3 bei ebenen Getrieben, f_m = 6 bei räumlichen.

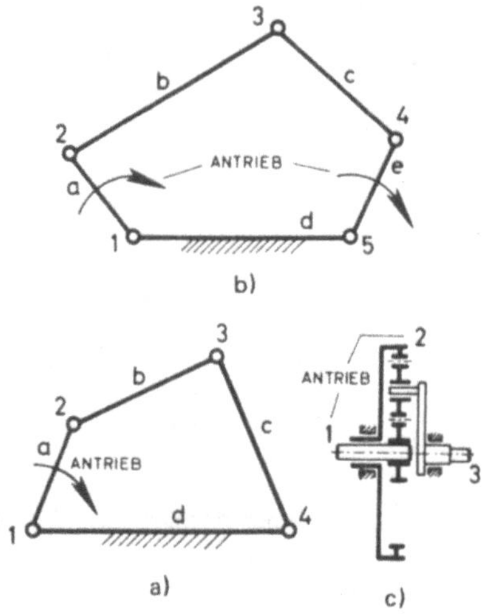

Bild 4.1: Zwanglauf bei Getrieben.
a) Viergelenkgetriebe (Kurbelschwinge); e = 4; n = 4; F = 1
b) Fünfgelenkgetriebe; e = 5; n = 5; F = 2
c) Verzweigungsgetriebe (dreiwelliges Planetengetriebe); e_1 = 4; e_2 = 2; n = 5; F = 2

Daraus ergibt sich die Zwanglaufbedingung nach GRÜBLER [4] für ebene Mechanismen mit Elementenpaaren vom Freiheitsgrad f = 1:

$$F = 3 \cdot n - 3 - 2 \cdot e \qquad (4.2)$$

Enthält das Getriebe auch Elementenpaare vom Freiheitsgrad f = 2, so geht Gleichung (4.1) über in

$$F = 3 \cdot n - 3 - 2 \cdot e_1 - e_2 \qquad (4.3)$$

e_1, e_2 = Anzahl der Elementenpaare mit f = 1 bzw. f = 2.

Die Anwendung der Zwanglaufbedingungen ist in Bild 4.1 an drei Beispielen erläutert. Beim Viergelenkgetriebe mit dem Freiheitsgrad F = 1 führt der Antrieb eines Gliedes zu einer zwangläufigen Bewegung. Für das Fünfgelenkgetriebe und das dreiwellige Planetengetriebe ergibt sich F = 2. Für einen Zwanglauf werden bei diesen Getrieben zwei Antriebsbewegungen benötigt.

Auf einige niedere Elementenpaarketten, z. B. die Keilkette, Abschnitt 7, läßt sich die GRÜBLERsche Zwanglaufbedingung nicht anwenden [5].

4. 2. Bewegungsgesetz

Das Bewegungsgesetz eines Getriebes gibt Auskunft über den Verlauf der Bewegung, der Geschwindigkeit und der Beschleunigung des Abtriebsgliedes in Abhängigkeit von der Bewegung des Antriebsgliedes. Es ist für die Beurteilung der Funktion der ungleichförmig übersetzenden Getriebe von größter Bedeutung. Bild 6.2 und Tabelle 8.1 zeigen Beispiele für Bewegungsgesetze einer Kurbelschwinge und von Kurvengetrieben.

4. 3. Kraft- und Formschluß

Der Zwanglauf in Getrieben kann entweder durch Kraft- oder durch Formschluß erreicht werden.

Eine *kraftschlüssige Bewegung* zwischen zwei Gliedern eines Getriebes liegt dann vor, wenn die beiden Glieder durch eine Kraft, z. B.

Feder- oder Reibungskraft, in ihrer gegenseitigen Lage gehalten und die Bewegungsübertragung dadurch ermöglicht wird. Kraftschlüssig sind z. B. das Kurvengetriebe in Bild 8.14, der Freilauf in Bild 10.10 und das Reibradgetriebe in Bild 11.1.

Eine *formschlüssige Verbindung* liegt vor, wenn zwei Glieder durch eine besondere und zusätzliche konstruktive Formgebung, z. B. Rundlingspaar, Nut und Gleitstein, Klauen oder Zähne, in ihrer gegenseitigen Lage gehalten und die Bewegungsübertragung dadurch ermöglicht wird. Formschlüssig sind z. B. das Kurvengetriebe in Bild 8.15, die Klauenkupplung in Bild 10.7 und die Zahnrädergetriebe in Bild 12.1.

4. 4. Übertragungswinkel

Der Übertragungswinkel μ ist wichtig zur Beurteilung der Kraftübertragung im Getriebe. Er ist definiert als der Winkel zwischen der absoluten Bewegungsrichtung v_B der Kraftübertragungsstelle des Abtriebsgliedes – Schwinge c – und der relativen Bewegung v_{BA} des Übertragungsgliedes – Koppel b – gegen das treibende Glied (Kurbel a), Bild 4.2. Der Übertragungswinkel ist also ein Maß dafür, wie die Kraft K in der Koppel in eine Abtriebskraft S umgesetzt wird:

$$S = K \cdot \sin \mu \quad (4.4)$$

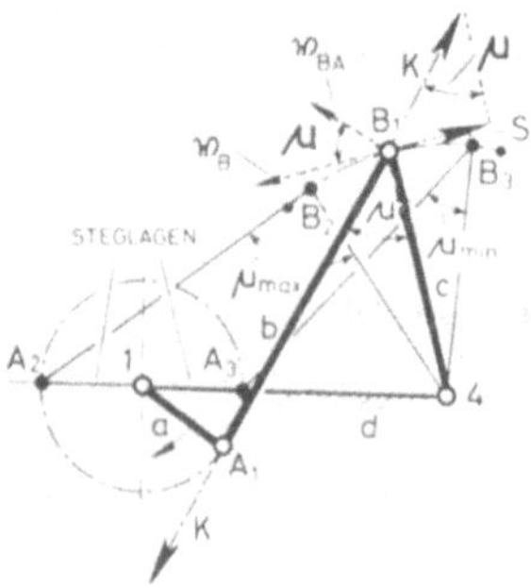

Bild 4.2: Übertragungswinkel. Beispiel Viergelenkgetriebe.
Der größte Übertragungswinkel ist der Getriebestellung A_2, der kleinste der Stellung A_3 zugeordnet.

Je kleiner also μ, desto ungünstiger die Kraftübertragung.

Bei Gelenkgetrieben soll der kleinste Übertragungswinkel 40° nicht unterschreiten. Nach Bild 4.2 ergeben sich die kleinsten Werte für μ bei Gelenkgetrieben in einer der beiden Steglagen, d. h. das Antriebsglied a deckt sich mit der Gestellgeraden d.

4. 5. Dynamisches Verhalten

Bei schnellaufenden Getrieben, bei Getrieben mit großen bewegten Massen im Schwermaschinenbau, insbesondere bei ungleichförmiger Übersetzung, muß das dynamische Verhalten eines Getriebes beachtet werden. D'Alembertsche Trägheitskräfte und Fliehkräfte werden wirksam. Bezüglich dieser Kraft- und Massenwirkungen sei auf die Literatur verwiesen [6].

Die periodisch wechselnden Massenkräfte können zusammen mit der Elastizität der Glieder und Gelenke zu Schwingungen führen [7, 8, 9].

4. 6. Festigkeit. Wirkungsgrad

Bei Leistungsgetrieben muß eine ausreichende Gestalt- und Verschleiß-Festigkeit von Gliedern und Gelenken gewährleistet sein. Die auftretenden Stab-, Gelenk- und Reibungskräfte können z. B. nach [6] ermittelt, die erforderlichen Festigkeits- und Auslegungsberechnungen z. B. nach [10] und [11] durchgeführt werden.

Bei einigen Getrieben, z. B. Schraub- und Schneckengetrieben (Abschn. 9. und 12.) spielt auch der Wirkungsgrad – das Verhältnis zwischen Abtriebs- und Antriebsleistung – eine wichtige Rolle.

5. Ausbildungsformen der Glieder. Zapfenerweiterung

Unter Beibehaltung des Bewegungsgesetzes ist es möglich, die Getriebeglieder verschiedenartig auszubilden. Dies wird am Beispiel der

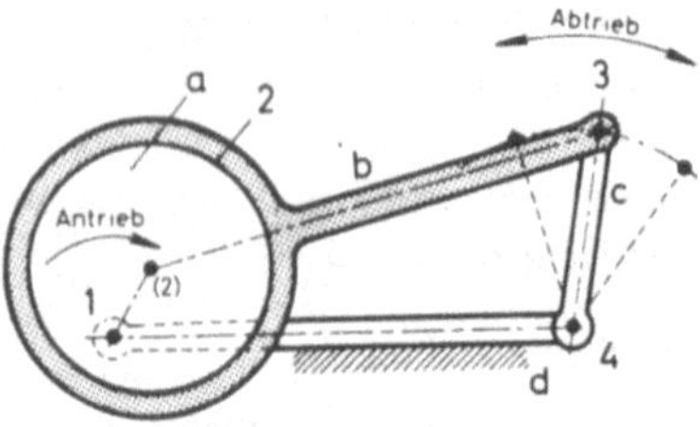

Bild 5.1: Kurbelschwinge mit Exzenterantrieb. Zapfenerweiterung der Kurbel a.

Viergelenkkette gezeigt. Erweitert man den Kurbelzapfen 2 in Bild 5.1 so, daß er die Kurbelwelle bei 1 miteinschließt, so entsteht eine Kurbelschwinge mit Exzenterantrieb. Die Koppel b umschließt dann den Exzenter. Man wendet diese Zapfenerweiterung an, wenn die Kurbellänge sehr klein ist, oder wenn man bei einer durchlaufenden Welle eine Kurbel ohne Ausbildung einer Kröpfung anordnen will.

An Stelle der Kurbel a kann auch die Schwinge c als Exzenter ausgebildet werden, Bild 5.2. Der Exzenter wird jetzt vom Gestell d um-

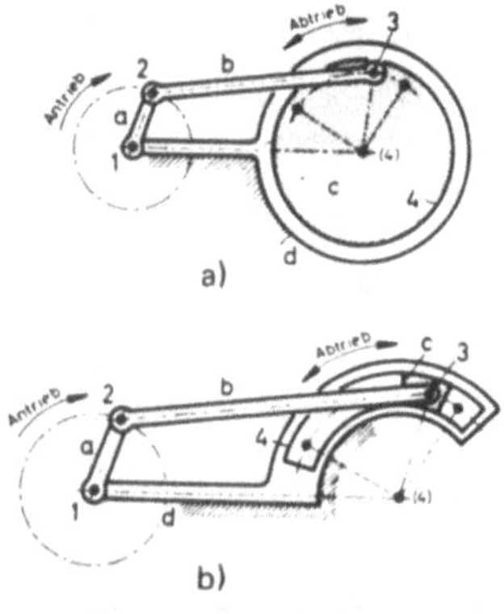

Bild 5.2: Kurbelschwinge.
a) Zapfenerweiterung der Schwinge c
b) Ersatz der Schwinge c durch Bogenführung und Gleitstein.

schlossen. Da Glied c nur eine Schwingbewegung ausführt, ist auch eine einfachere Lösung mit Bogenführung und Gleitstein möglich, Bild 5.2b.

Eine Zapfenerweiterung, die die Koppel a miteinschließt, zeigt Bild 5.3b. Durch Wegminderung der Koppel entsteht daraus ein konstruktiv sehr unterschiedliches, aber kinematisch der ursprünglichen Kurbelschwinge äquivalentes Getriebe, Bild 5.3c.

Bei der Untersuchung von Getrieben ist häufig auch die umgekehrte

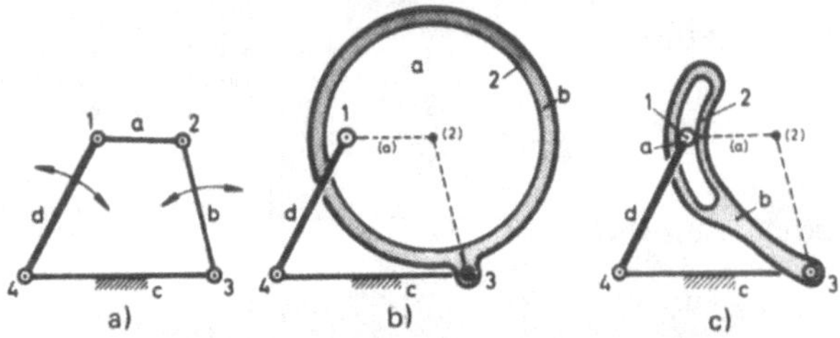

Bild 5.3: Kinematisch äquivalente Viergelenkgetriebe.
a) Kurbelschwinge
b) Zapfenerweiterung der Koppel
c) Ersatz der Koppel a durch Bogenführung und Gleitstein

Aufgabe zu lösen, nämlich bei einer gegebenen Getriebekonstruktion zu ermitteln, welches Grundgetriebe ihr zugrunde liegt.

6. Ebene Kurbelgetriebe

Kurbelgetriebe* sind dadurch gekennzeichnet, daß sie nur aus niederen Elementenpaaren mit dem Freiheitsgrad f = 1 bestehen. Sie enthalten nur Dreh- und Schubgelenke. Durch die Flächenberührung

* Der begrenzte Umfang dieses Bandes erlaubt die Behandlung räumlicher und mehr als viergliedriger Kurbelgetriebe nicht. Hier wird auf entsprechende Literatur verwiesen. Zum Beispiel: Räumliche Getriebe [12, 13, 14, 15]. Mehrgliedrige Kurbelgetriebe [16, 17, 18, 19].

BEZEICHNUNG	BILD	BEMERKUNGEN
KURBELSCHWINGE	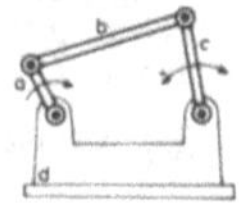	a + b < c + d Vollständiger Umlauf eines Kurbelgliedes
DOPPELKURBEL	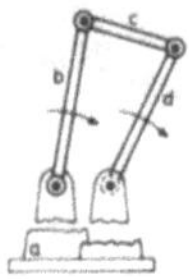	kinematische Umkehr durch Wechseln des Gestellgliedes
DOPPELSCHWINGE	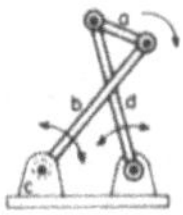	
SCHWINGGETRIEBE	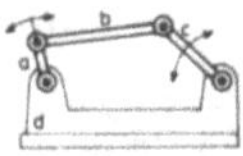	a + d > b + c Kein vollständiger Umlauf eines Getriebegliedes
DURCH- SCHLAGENDE KURBELSCHWINGE	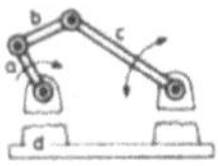	a + d = b + c (SONDERFÄLLE) a = b; c = d;
PARALLELKURBEL	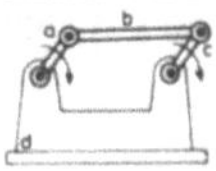	Es treten zwanglose Lagen auf. a = c; b = d;
ANTIPARALLEL- KURBELN gleichläufig		kinematische Umkehr durch Wechseln des Gestellgliedes
gegenläufig	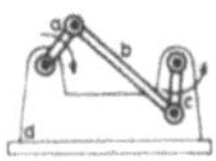	

Tabelle 6.1: Systematik der Kurbelgetriebe mit vier Drehgelenken.

BEZEICHNUNG	BILD	BEMERKUNGEN
GERADSCHUB-KURBEL	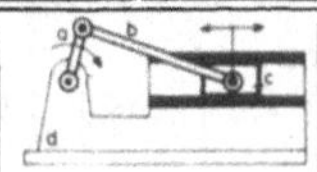	3 DREHGELENKE 1 SCHUBGELENK d=Gestell
SCHWINGENDE KURBELSCHLEIFE	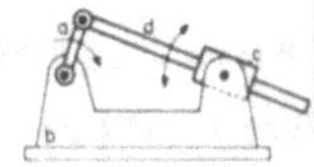 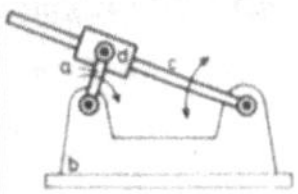	b=Gestell } Kinematische Umkehr durch Wechseln des Gestellgiedes
UMLAUFENDE KURBELSCHLEIFE	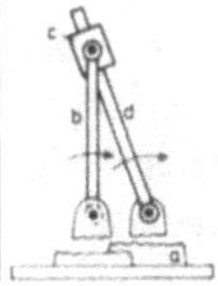	a=Gestell
KREUZSCHUB-KURBEL (Umlaufende Kreuzschleifen-Kurbel)	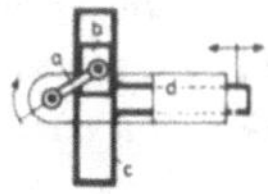	2 DREHGELENKE 2 BENACHBARTE SCHUBGELENKE d = Gestell
DOPPELSCHLEIFE (Umlaufende Kreuzschleife)	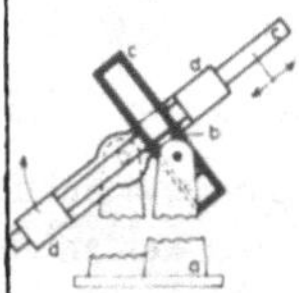	a = Gestell
DOPPELSCHIEBER (Stehende Kreuzschleife)	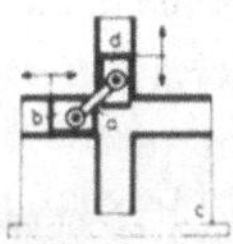	c = Gestell
SCHUBSCHLEIFEN-KETTE		2 DREHGELENKE 2 GEGENÜBERGENDE SCHUBGELENKE

Tabelle 6.2: Systematik der Kurbelgetriebe mit Dreh- und Schubgelenken. (Schubkurbel-, Kreuzschleifen und Schubschleifenkette).

ergibt sich eine günstige spezifische Belastung in den Gelenken. Die ebenen Kurbelgetriebe sind die wichtigsten ungleichförmig übersetzenden Getriebe. Sie sind einfach aufgebaut. Systematische Untersuchungen liegen darüber vor [20, 21, 22].

6. 1. Systematik der Viergelenkkette

Man unterscheidet nach der Anzahl und der Anordnung der in der Kette vorhandenen Dreh- und Schubgelenke.

1. Gelenkviereck mit vier Drehgelenken, Tabelle 6.1.
2. Schubkurbelkette mit drei Dreh- und einem Schubgelenk, Tabelle 6.2.
3. Kreuzschleifenkette mit zwei Dreh- und zwei benachbarten Schubgelenken, Tabelle 6.2.
4. Schubschleifenkette mit zwei Dreh- und zwei gegenüberliegenden Schubgelenken, Tabelle 6.2.

Durch Aufstellen auf unterschiedlichen Getriebegliedern – kinematische Umkehr – lassen sich innerhalb jeder dieser vier Gruppen unterschiedliche Getriebe entwickeln. Diese werden im folgenden behandelt.

6. 2. Bezeichnungen der Glieder und Gelenke

Das kürzeste Glied erhält die Bezeichnung a, Bild 6.1. Die Nachbarglieder des kürzesten Gliedes a werden mit b und d bezeichnet. Das dem Glied a gegenüberliegende Glied erhält die Bezeichnung c. Die vier Gelenke werden durch Ziffern gekennzeichnet, und zwar nach folgendem Schema:

Glied		Gelenk		Glied
a	———	1	———	d
a	———	2	———	b
b	———	3	———	c
c	———	4	———	d

Umlaufende Glieder werden als Kurbeln, schwingende als Schwingen bezeichnet. Kurbeln bzw. Schwingen sind immer im Gestell, dem feststehenden Glied, gelagert. Das dem Gestell gegenüberliegende, also nicht im Gestell gelagerte Glied wird als Koppel bezeichnet.

Diese Bezeichnungen gelten auch für Kurbelgetriebe mit Schubgelenken.

6. 3. Kurbelgetriebe mit vier Drehgelenken

Damit Glieder dieser Kette volle Umdrehungen gegeneinander ausführen können, müssen die Gliedlängen die GRASHOFsche Bedingung erfüllen:

Die Summe der Längen des längsten und des kürzesten Gliedes muß kleiner sein als die Summe der Längen der beiden anderen Glieder.

Z. B. gilt für die Kurbelschwinge in Bild 6.1

$$a + b < c + d \tag{6.1}$$

Die Kurbel a dieser Kurbelschwinge kann also umlaufen.

Wird die GRASHOFsche Bedingung nicht erfüllt, so ist das Getriebe nur schwingfähig, Tabelle 6.1. Kein Getriebeglied kann eine volle Umdrehung ausführen. Auch für diese Getriebe ergeben sich wichtige Anwendungen, z. B. als Lenkgetriebe in Kraftfahrzeugen oder in der WATTschen Geradführung, Bild 6.40.

Aus der Viergelenkkette die die GRASHOFsche Bedingung erfüllt, lassen sich durch Aufstellung auf einem der vier Glieder (kinematische Umkehr) drei verschiedenartige Getriebe bilden, Tabelle 6.1. Man unterscheidet:

1. Aufstellung auf Glied b oder d: Kurbelschwinge
2. Aufstellung auf Glied a: Doppelkurbel
3. Aufstellung auf Glied c: Doppelschwinge

Werden in der GRASHOFschen Bedingung beide Summen gleich groß, Tabelle 6.1 unten, so ergeben sich als *Sonderfälle* die durchschlagenden Getriebe. Sie sind dadurch gekennzeichnet, daß die Kurbel *noch* voll drehbar ist. Es ergeben sich aber in der Deck- und in der Strecklage (Gelenke 1, 2 und 3 liegen auf einer Geraden, Bild 6.1) zwanglose Lagen. Das Getriebe schlägt durch, d. h. es kann in die eine oder die andere von zwei symmetrischen Lagen ausschwingen.

Unter diesen *Sonderfällen* sind die, bei denen ein zweites Glied genauso lang wie das kürzeste Glied a ist besonders wichtig. Auch die beiden restlichen Glieder sind dann gleich lang.

Zu diesen Sonderfällen gehören:

1. Parallel- und Antiparallelkurbeln, Bilder 6.8 und 6.14.
2. Gleichschenklige Kurbelschwinge und gleichschenklige Doppelkurbel.

Werden alle vier Glieder gleich groß, so erhält man die Rautenkurbel, Bild 6.16.

6. 3. 1. Kurbelschwinge

Die Viergelenkkette wird auf einem der beiden längeren Glieder, b oder d, aufgestellt, Bild 6.1. Beginnt man die Kurbel a, ausgehend

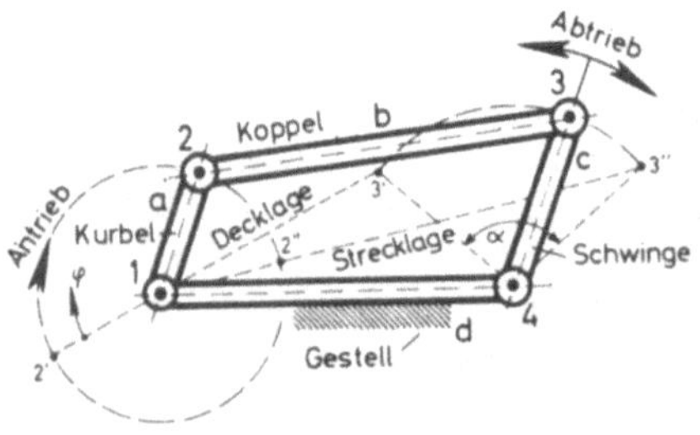

Bild 6.1: Exzentrische Kurbelschwinge.

von der Decklage gleichförmig zu drehen, so bewegt sich die Schwinge c im gleichen Drehsinn. Sie erreicht in der Strecklage ihren größten Schwingwinkel α. Dreht man die Kurbel bis zur Decklage weiter, so schwingt Glied c wieder in die Ausgangsstellung zurück. Die Schwingbewegung des Gliedes c und damit auch seine Geschwindigkeit und Beschleunigung ist ungleichförmig, Bild 6.2.

Bild 6.2: Verlauf von Geschwindigkeit und Beschleunigung der Schwinge c für die exzentrische Kurbelschwinge nach Bild 6.1.

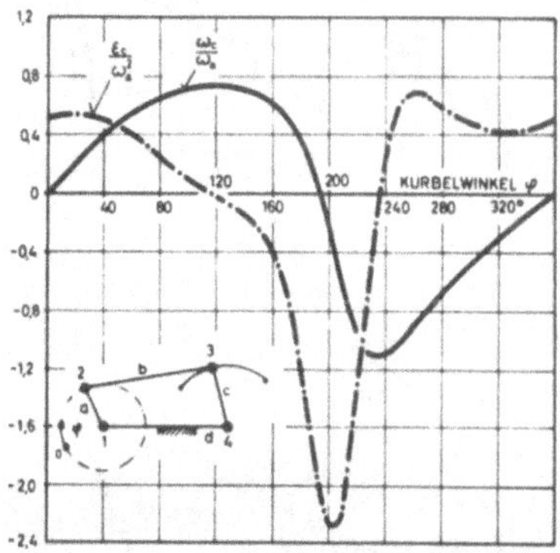

Ähnlich wie bei der Geradschubkurbel (Abschn. 6.4.1.) unterscheidet man zwischen der *zentrischen* und der *exzentrischen* Kurbelschwinge. Bild 6.3a zeigt, daß bei der zentrischen Kurbelschwinge die beiden Totlagengeraden (Deck- und Strecklage) zusammenfallen. Gleichzeitig ergibt sich zwischen dem Hin- und dem Rückgang der Schwinge c ein symmetrischer Verlauf von Weg, Geschwindigkeit und Beschleunigung des Schwingzapfens 3. Sind die Längen von Kurbel a, Koppel b und Schwinge c gegeben, so gilt für eine zentrische Kurbelschwinge folgende Bedingung für die Gestellänge

$$d_z = \sqrt{b^2 + c^2 - a^2} \qquad (6.2)$$

Bei der exzentrischen Kurbelschwinge, Bilder 6.1 und 6.3b, bilden die beiden Totlagengeraden den Winkel σ miteinander. Der Verlauf von Weg, Geschwindigkeit und Beschleunigung des Schwingzapfens 3 sind nicht mehr symmetrisch, Bild 6.2. Die Länge der Hubstrecke H zwischen den Totlagen ist größer als der Kurbelkreisdurchmesser, Bild 6.3 b.

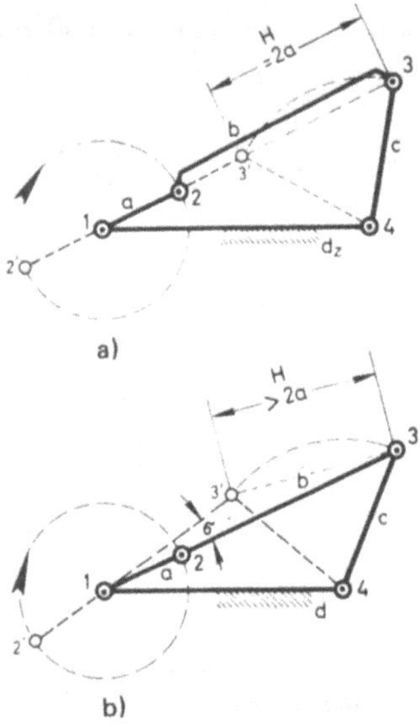

Bild 6.3: Kurbelschwinge.
a) zentrisch
b) exzentrisch

Durch die Wahl unterschiedlicher Abmessungen für die Gliedlängen können verschiedenartige Bewegungsgesetze verwirklicht werden. Die Anwendung der Kurbelschwinge in einem Klinkenschaltwerk für das Vorschubgetriebe einer Werkzeugmaschine (z. B. Stoßmaschine) zeigt Bild 10.18.

Erfolgt die Antriebsbewegung bei a, die Abtriebsbewegung aber an der Koppel b, so können durch Ausnutzung der sehr verwickelten Koppelbewegungen verschiedenartigste Kurven erzeugt werden.

Siehe hierzu Abschnitt 6.6. "Koppelkurven", Bilder 6.35 und 6.36, sowie [20].

Die Kurbelschwinge kann auch zur Erzeugung einer Drehbewegung aus einer Schwingbewegung angewandt werden, Bild 6.4. Antriebsglied ist dann die Schwinge c. Der Abtrieb erfolgt an der Kurbel a. Solche Getriebe finden zum Fußantrieb, z. B. von Nähmaschinen oder Schleifsteinen, vielfach Verwendung.

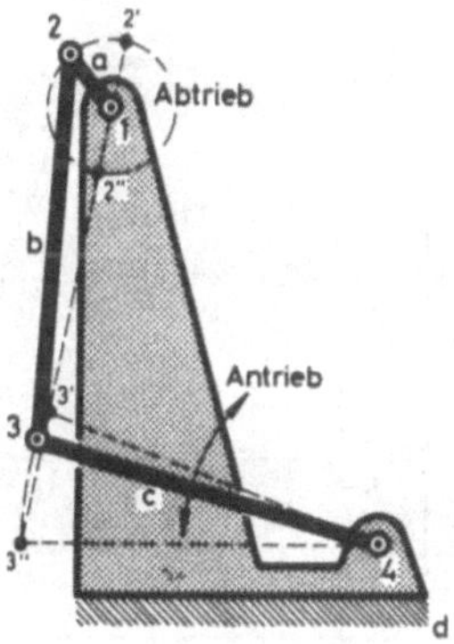

Bild 6.4: Erzeugung einer Drehbewegung aus einer Schwingbewegung. Kurbelschwinge mit Antrieb bei Glied c. Getriebe eignet sich für Fußantrieb.

6. 3. 2. Doppelkurbel

Wird das kürzeste Glied a der Viergelenkkette zum Gestell, so erhält man die Doppelkurbel, Tabelle 6.1 oben. Die Nachbarglieder b und d des Gestelles a sind dann Kurbeln. Sie sind voll drehfähig. Die Drehbewegung der Abtriebskurbel ist ungleichförmig. Diese Eigenschaft kann von praktischer Bedeutung sein, wenn z. B. eine Drehbewegung teilweise verzögert und beschleunigt werden soll, Bild 6.5 oben.

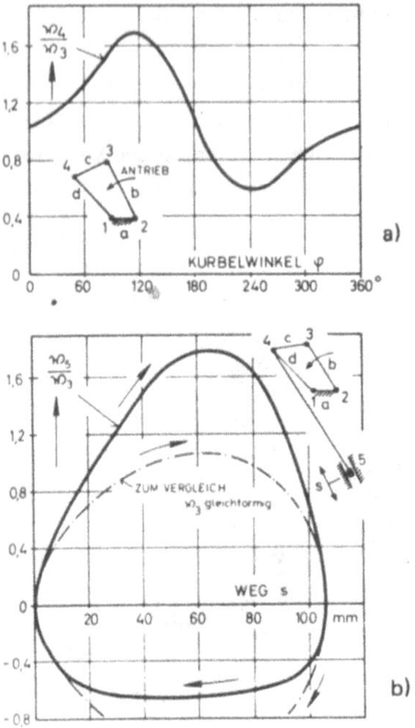

Bild 6.5:
a) Verlauf der Geschwindigkeit des Abtriebsgliedes d einer Doppelkurbel bei gleichförmigen Antrieb des Gliedes b.

b) Verlauf der Geschwindigkeit des Gleitsteins einer Geradschubkurbel bei Verwendung einer Doppelkurbel als Vorschaltgetriebe.

Die Doppelkurbeln werden auch als Vorschaltgetriebe für andere Getriebe, wie Gerad- oder Kreuzschubkurbel, eingesetzt. Man kann dadurch den zeitlichen Ablauf der Bewegung des nachgeschalteten Getriebes verändern.

In Bild 6.6 ist eine Doppelkurbel einer Geradschubkurbel vorgeschaltet. Man erhält am Abtriebsglied (Gleitstein) einen schnellen Hinhub und einen langsamen, teilweise nahezu gleichförmigen Rückhub.

Die Relativbewegung der Koppel wird bei Schaufelrädern für Raddampfer und bei Greiferrädern für Landmaschinen nutzbar gemacht [21]. Die Koppelbewegung ist in der Viereckslage nahezu eine Parallelverschiebung.

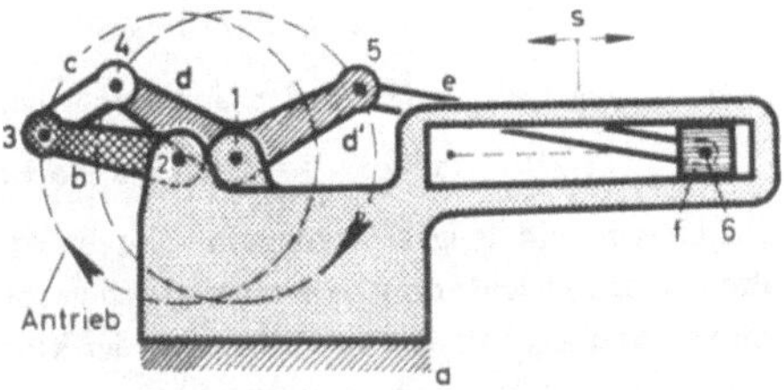

Bild 6.6.: Antrieb einer Geradschubkurbel durch eine Doppelkurbel. Siehe auch Bild 6.5. Nach [24]

6. 3. 3. Doppelschwinge

Sie ist dadurch gekennzeichnet, daß das dem kürzesten Glied a gegenüberliegende Glied c zum Gestell wird, Tabelle 6.1 oben. Die dem Gestell benachbarten Glieder b und d können nur eine Schwingbewegung ausführen. Glied a ist zwar voll drehfähig, die Drehbewegung erfolgt jedoch relativ zu den schwingenden Gliedern b und d.

Die Doppelschwinge hat keine große praktische Bedeutung. Lediglich die Formen ihrer Koppelkurven lassen sich technisch für angenäherte Geradführungen ausnutzen. Beim DEMAG-Doppellenker-Wippkran [23] kann die Last zwischen den Punkten P_1 und P_2 ohne Hubverlust ein- und ausgeschwenkt werden, Bild 6.7.

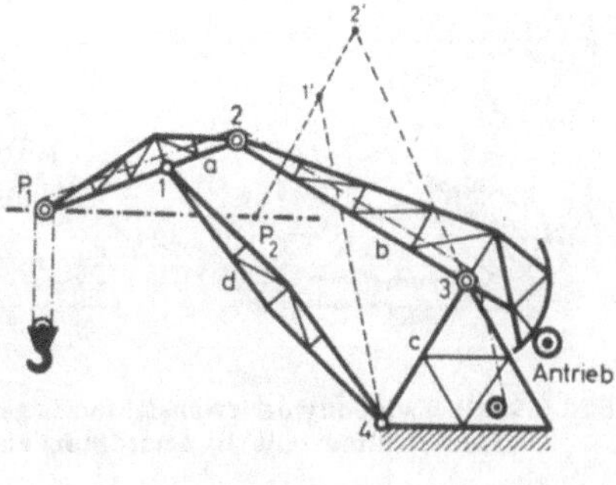

Bild 6.7: Anwendung der Doppelschwinge. DEMAG-Doppellenker-Wippkran mit angenäherter Geradführung der Last. Nach [23] und [26]

6. 3. 4. Parallelkurbel

Zwei gegenüberliegende Glieder sind gleich lang, Bild 6.8. Es gilt:

$$a = c; \quad b = d; \quad a + d = b + c; \qquad (6.3)$$

Dabei wird ein langes Glied zum Gestell. An- und Abtriebsglied drehen sich gleichförmig und in der gleichen Richtung. Alle Koppelkurven sind Kreise mit dem Halbmesser der Kurbel a. Die gegenüberliegenden Glieder sind in jeder Lage zueinander parallel. Diese Eigenschaften bestimmen die beiden Hauptanwendungsgebiete der Parallelkurbel:

1. Übertragung einer gleichförmigen Drehbewegung von einer Antriebswelle auf eine oder mehrere versetzt angeordnete Abtriebswellen. Dabei ist das Übersetzungsverhältnis i = 1, Bild 6.9a.
2. Parallelführung, Bild 6.9b.

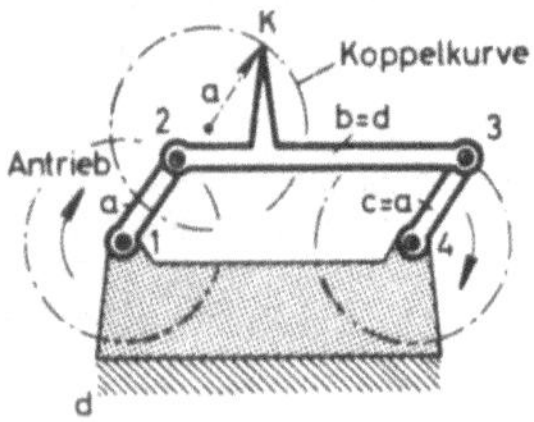

Bild 6.8: Parallelkurbel.

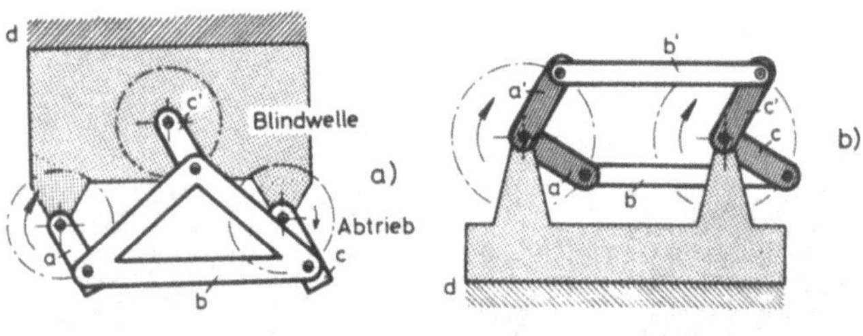

Bild 6.9: Überwindung der zwangslosen Lagen bei Parallelkurbeln.
a) Mit Blindwelle b) Anordnung eines zweiten Getriebes.

Die gleichförmige Übertragung einer Drehbewegung auf versetzte Wellen wird beispielsweise zum Antrieb der Bohrspindeln in einer Mehrspindelbohrmaschine ausgenutzt. Die einzelnen Koppeln sind in einer Lochscheibe zusammengefaßt, Bild 6.10.

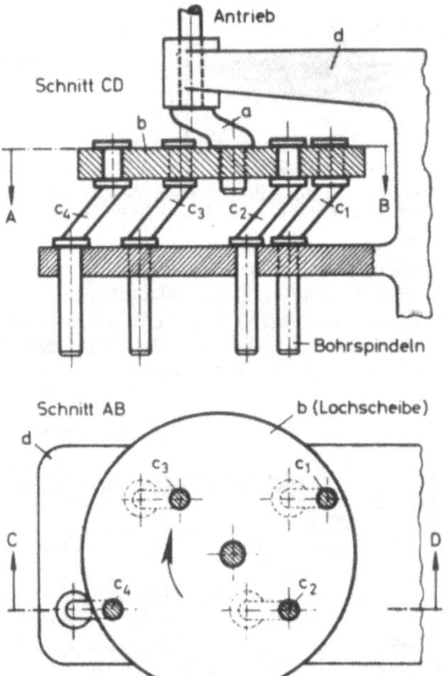

Bild 6.10: Antrieb einer Mehrspindel-Bohrmaschine mittels Parallelkurbeln. Nach [24]

Bei elektrischen Lokomotiven wird die Antriebsbewegung auf eine zweite Achse mittels Parallelkurbeln übertragen. Die Totlagen werden dabei durch Anordnung einer Blindwelle überwunden, Bild 6.11.

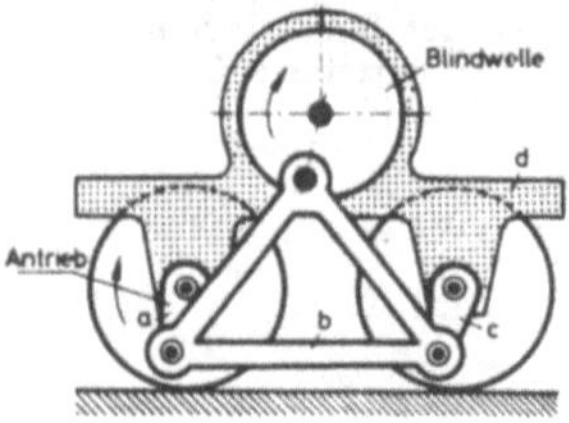

Bild 6.11: Antrieb einer Elektro-Lok. Parallelkurbel mit Blindwelle.

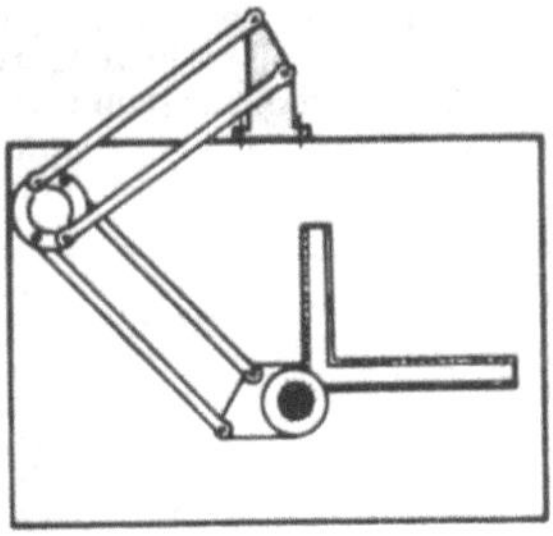

Bild 6.12: Parallelkurbeln bei einer Zeichenmaschine.

Unter den Anwendungen für eine Parallelführung ist zweifellos die in der Zeichenmaschine, Bild 6.12, die bekannteste.

Bild 6.13 zeigt das Prinzip einer Parallelschwingachse für Kraftfahrzeuge. Dadurch wird erreicht, daß sich der Sturz der Räder beim Durchfedern nicht und die Spurweite nur ganz geringfügig ändert.

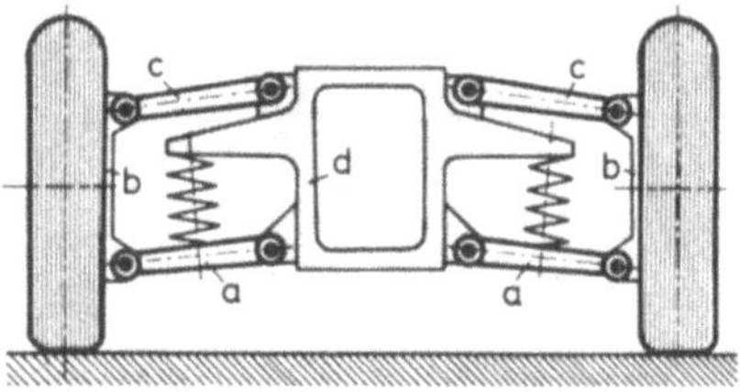

Bild 6.13: Schwingachse eines Kraftfahrzeugs mit Parallelführung.

6. 3. 5. Antiparallelkurbeln

Sie entstehen aus den Parallelkurbeln, wenn diese in einer zwanglosen Lage durchschlagen, Tabelle 6.1. Beide Kurbeln können volle Drehungen ausführen. Die Drehbewegung des Abtriebs ist aber im

Gegensatz zu den Parallelkurbeln nicht mehr gleichförmig. Bei Aufstellung auf dem kleinen Glied laufen die beiden Kurbeln, wie bei der Doppelkurbel, gleichsinnig um. Man erhält die gleichläufigen Antiparallelkurbeln, Bild 6.14. In diesem Fall sind die Rast- und die Gangpolbahn (siehe Getriebelehre I, S. 33) zwei gleich große Ellipsen.

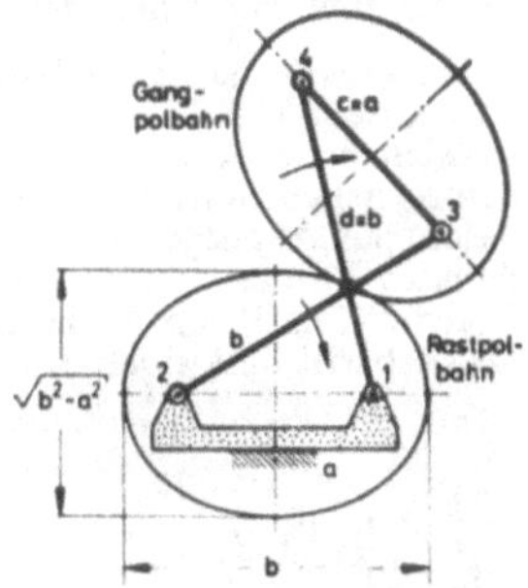

Bild 6.14: Gleichläufige Antiparallelkurbeln. Die Polbahnen sind Ellipsen. Nach [22].

Bei den gegenläufigen Antiparallelkurbeln wird das Getriebe auf einem der beiden längeren Glieder aufgestellt, Bild 6.15. Jetzt sind Rast- und Ganpolbahn Hyperbeln, während die Relativpolbahnen Ellipsen bleiben.

Antiparallelkurbeln werden daher oft als Ersatz für elliptische Zahnräder verwendet, Bild 6.14. Das Durchschlagen in den Totlagen wird durch eine Hilfsverzahnung, deren Wälzkreis ein Ausschnitt aus den elliptischen Polbahnen ist, vermieden, Bild 6.15.

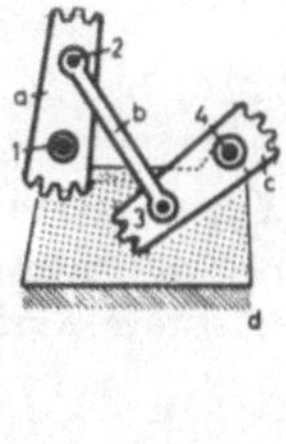

Bild 6.15: Gegenläufige Antiparallelkurbeln. Teilweise Ausbildung der Polbahnen durch elliptische Zahnräder zur Verhinderung des Durchschlagens in den Totlagen.

6. 3. 6. Rautenkurbel

Sämtliche Glieder sind gleich lang. Das Getriebe ist ein Sonderfall der Parallelkurbeln. Es findet häufig Anwendung bei Greifern und Scheren.

Sehr bekannt ist die Ausführung als "Nürnberger Schere". Bei der Geradführung für eine Tischlampe oder ein Telefon, Bild 6.16, sind mehrere Rautenkurbeln hintereinander angeordnet (Hubübersetzung!) und mit einer gleichschenkligen Schubkurbel kombiniert.

Besondere Bedeutung hat das "Storchschnabel-Getriebe" als Zeichengerät, Bild 6.17. Es dient zum maßstäblichen Vergrößern oder Verkleinern, z. B. bei Graviermaschinen. Im Gegensatz zu den bisher besprochenen Getrieben wird nicht ein ganzes Glied sondern nur ein Gelenkpunkt festgehalten. Zwanglauf wird durch Führung eines Punktes P_1 eines freien Gliedes auf einer Kurve (Zeichenvorlage) erreicht. Der Punkt P_2 beschreibt dann die gleiche Figur, die im Maßstab r/R verkleinert ist.

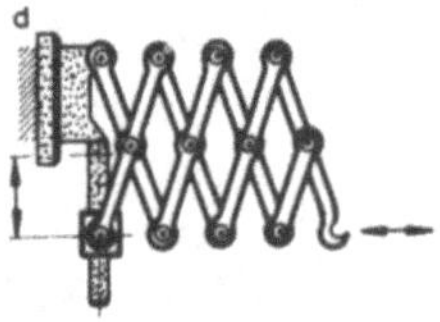

Bild 6.16: Nürnberger Schere. Hubübersetzung durch Mehrfachanordnung von Rautenkurbeln.

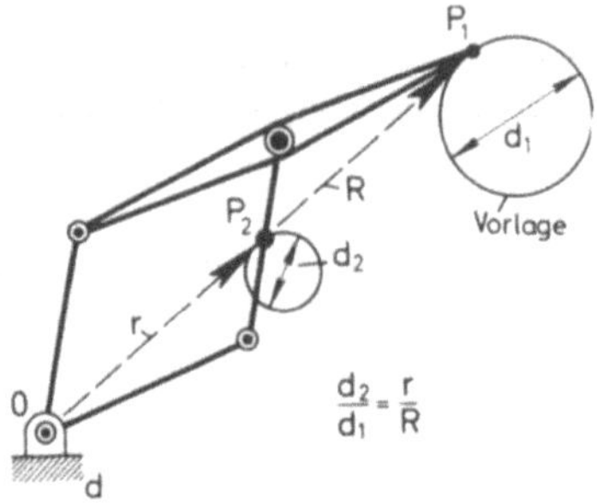

Bild 6.17: Storchschnabel-Getriebe. Anwendung der Rautenkurbel als Zeichengerät.

Weitere Sonderformen des Viergelenkgetriebes erhält man, wenn zwei nebeneinanderliegende Glieder gleich lang werden. Die *gleichschenklige Kurbelschwinge* und die *gleichschenklige Doppelkurbel* haben aber kaum praktische Bedeutung. Beide sind durchschlagende Getriebe. Siehe hierzu Tabelle 6.1 unten und Getriebelehre I, S. 120.

6. 4. Kurbelgetriebe mit drei Dreh- und einem Schubgelenk

Aus dem Gelenkviereck entsteht die Schubkurbelkette, wenn das Glied c unendlich lang wird. Das Gelenk 4 rückt ins Unendliche. Die Bogenführung des Gelenkes 3 in Bild 5.2b geht in eine Geradführung über.

Die Kette besteht aus den vier Gliedern a, b, c und d, Tabelle 6.2. Für den Umlauf des Gliedes a gilt die Bedingung:

$$a \leqq b \qquad (6.4)$$

Jedes der Glieder kann zum Gestell werden. Somit lassen sich vier verschiedene Getriebe entwickeln, Tabelle 6.2 oben.

6. 4. 1. Geradschubkurbel

Sie ist eines der am häufigsten angewendeten Getriebe, Bild 6.18. Wichtige Anwendungsgebiete sind zum Beispiel: Verbrennungskraftmaschinen, Kom-

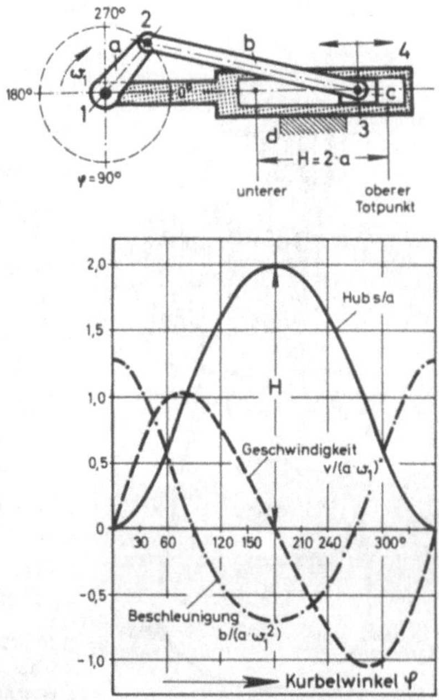

Bild 6.18: Zentrische Geradschubkurbel. Unten: Verlauf von Hub, Geschwindigkeit und Beschleunigung des Abtriebsgliedes c.

pressoren, Pumpen, Pressen, Punktschweißmaschinen (Bild 10.21) und Dampfmaschinen. Entweder wird eine drehende Antriebsbewegung in eine geradlinige, hin- und hergehende Abtriebsbewegung oder eine hin- und hergehende Antriebsbewegung in eine drehende Abtriebsbewegung verwandelt.

Man unterscheidet *zentrische* und *exzentrische* (geschränkte) Geradschubkurbeln.

Bild 6.19: Exzentrische Geradschubkurbel.

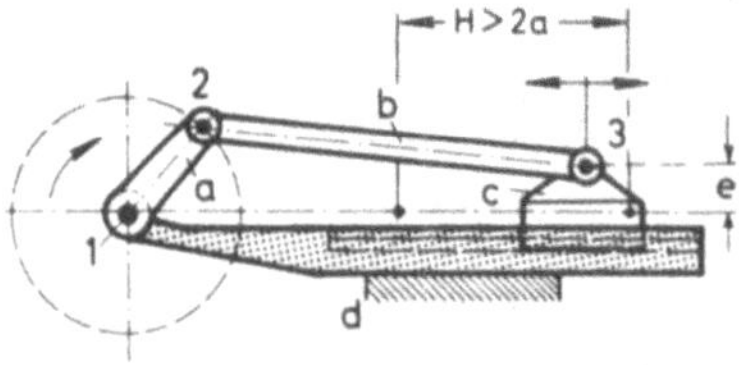

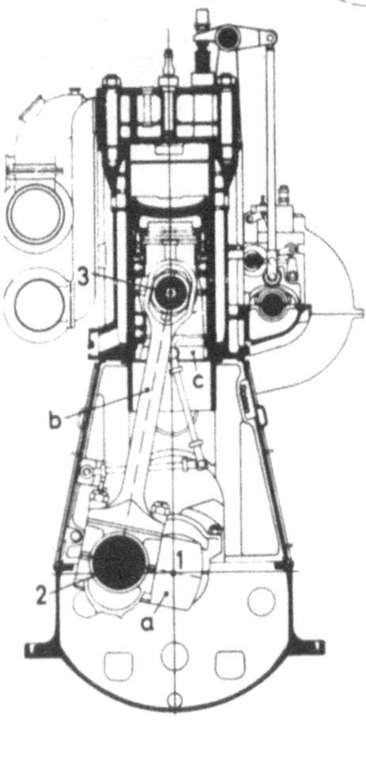

Bei der zentrischen Geradschubkurbel ist der Hub H = 2 · a, Bild 6.18. Er entspricht also dem Durchmesser des Kurbelkreises. Hub, Geschwindigkeits- und Beschleunigungsverlauf sind für Hin- und Rückgang symmetrisch.

Bei der exzentrischen Geradschubkurbel hat die Bewegungsrichtung des Punktes 3 vom Kurbeldrehpunkt 1 den Abstand (Exzentrizität) e, Bild 6.19. Der Hubverlauf

Bild 6.20: Zentrische Geradschubkurbel in einem M.A.N.-Viertakt-Dieselmotor.

zwischen Hin- und Rückgang ist unsymmetrisch. Der Rückgang erfolgt schneller als der Hingang.

Bild 6.20 zeigt die Anwendung der Geradschubkurbel in einem Großdieselmotor.

6. 4. 2. Schwingende Geradschubkurbel

Sie entsteht, wenn man die Schubkurbelkette auf dem Glied c aufstellt, Bild 6.21. Ähnlich wie bei der Doppelschwinge erfolgt die Drehbewegung der Kurbel a relativ zum hin- und hergehenden Glied d. Sie bewegt sich gegenüber dem Gestell als Koppel. Das Getriebe findet nur selten Anwendung, da die Einleitung der Antriebsbewegung schwierig ist. Es wird z. B. eingesetzt für die axiale Hin- und Herbewegung der Farbwalzen von Buchdruckmaschinen oder der Schleifzylinder von Furnierschleifmaschinen.

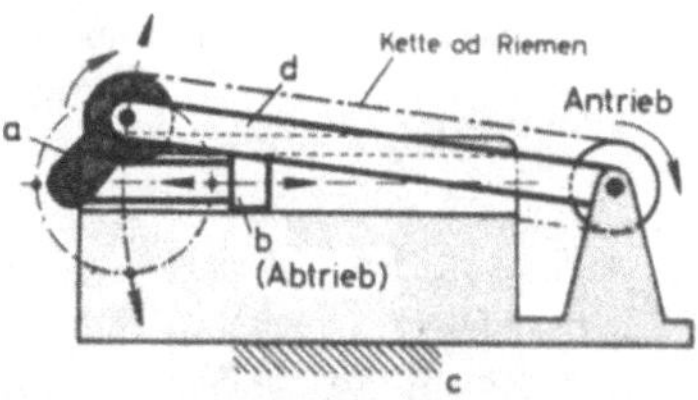

Bild 6.21: Schwingende Geradschubkurbel.

6. 4. 3. Schwingende Kurbelschleife

Sie ist gekennzeichnet durch die Aufstellung der Schubkurbelkette auf dem Glied b, Bild 6.22 und Tabelle 6.2.

Die Antriebsbewegung der umlaufenden Kurbel a führt zu einer Schwingbewegung der Schleife c. Der Hingang dieser Schwingbewe- erfolgt mit wesentlich geringerer und gleichförmigerer Geschwindigkeit als der Rückgang, Bild 6.23.

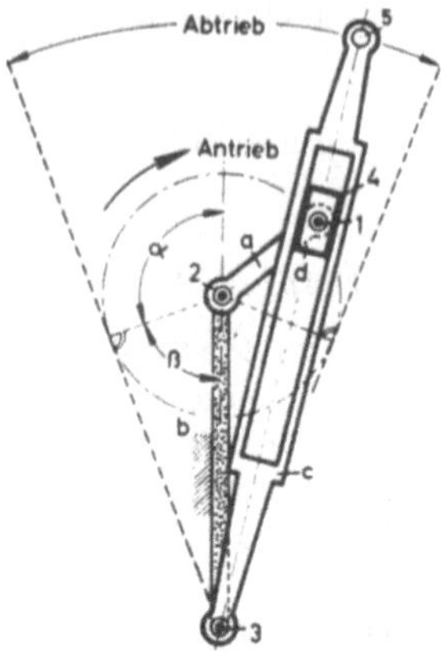

Bild 6.22: Schwingende Kurbelschleife. Nach [21]

Bild 6.23: Verlauf der Geschwindigkeit am Abtriebsglied c der schwingenden Kurbelschleife nach Bild 6.22.

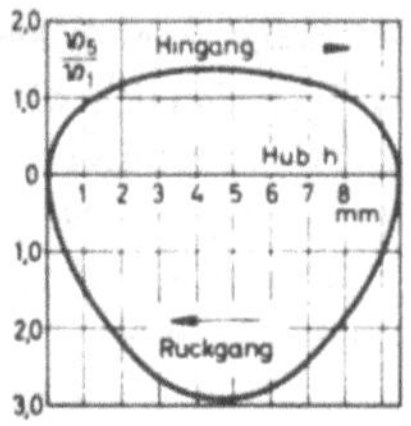

Diese Eigenschaft ist im Werkzeugmaschinenbau von Bedeutung. Bei Hobelmaschinen, Bild 6.24, erhält man so einen langsamen Arbeitshub (Hingang) und einen schnellen Rückhub des Werkzeuges.

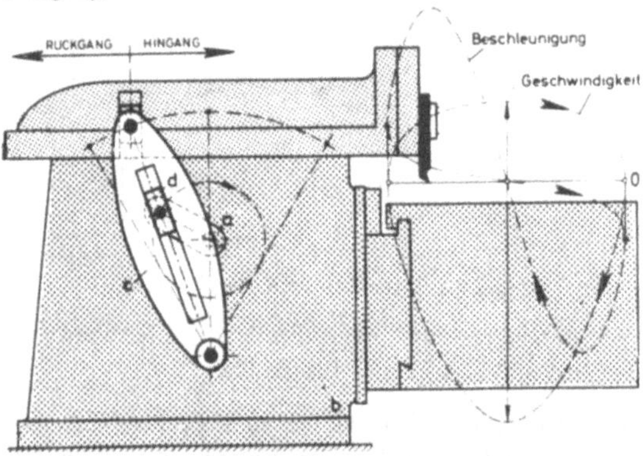

Bild 6.24: Antrieb einer Hobelmaschine durch eine schwingende Kurbelschleife. Nach [22]

Das Verhältnis der Zeiten zwischen Rückgang (T_R) und Hingang (T_H) ist durch die beiden Zentriwinkel α und β bestimmt. Für das Beispiel in Bild 6.22 beträgt dieses Verhältnis $T_R/T_H = \alpha/\beta = 1{,}65$. Die höchste Rücklaufgeschwindigkeit ist dabei 2,14 mal so groß wie beim Arbeitshub. Durch die Wahl anderer Getriebeabmessungen können diese Werte verändert werden.

Schwingende Kurbelschleifen finden sich auch im Landmaschinenbau, z. B. bei Kartoffelrodern oder Bindemähern [24].

Bei dem Kartoffelroder in Bild 6.25 beschreiben die Gabelspitzen G eine ellipsenähnliche Koppelkurve. Dies ermöglicht einen günstigen Grabevorgang. Damit bei einer mehrfachen Anordnung der Kurbel-

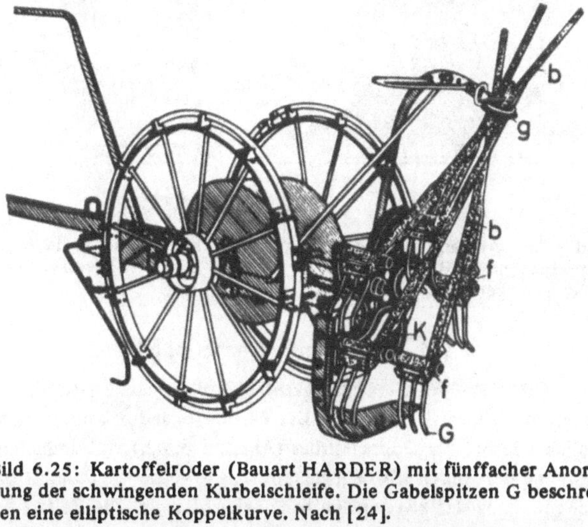

Bild 6.25: Kartoffelroder (Bauart HARDER) mit fünffacher Anordnung der schwingenden Kurbelschleife. Die Gabelspitzen G beschreiben eine elliptische Koppelkurve. Nach [24].

schleifen die Koppelglieder b aneinander vorbeigeführt werden können, darf die Geradführung g nicht in der Ebene des Kurbelsterns K liegen. Außerdem muß wegen der dadurch bedingten Wippbewegung der Koppeln (Führungsstäbe) in Fahrtrichtung bei f ein zusätzliches Gelenk zwischen Gabellagerung und Führungsstab angeordnet werden.

Auch die Kapselpumpe in Bild 6.26 arbeitet nach dem Prinzip der schwingenden Kurbelschleife. Die Kurbel a wurde mittels Zapfenerweiterung durch einen Exzenter ersetzt. Der Gleitstein d hat die Form eines erweiterten Zapfens. Er wird von der Geradführung c umschlossen. Wegen der zu geringen Förderleistung und zu niedrigen Höchstdrehzahl (Langsamläufer) haben Pumpen dieser Bauart kaum noch praktische Bedeutung.

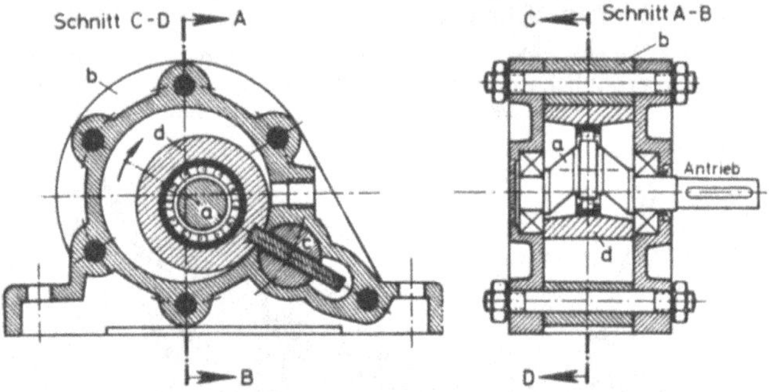

Bild 6.26: Anwendung der schwingenden Kurbelschleife in einer Kapselpumpe. (IBRA-Luftpumpe der Fa. KNORR-Bremse; wird nicht mehr gebaut.)

6. 4. 4. Umlaufende Kurbelschleife

Sie entsteht aus der Geradschubkurbelkette durch Feststellen des kürzesten Gliedes a, Bild 6.27. Die Glieder b und d können dann ähnlich wie bei der Doppelkurbel (Abschn. 6.3.2.) voll umlaufen. Wird eine der beiden Kurbeln gleichförmig angetrieben, dann ist die Drehbewegung der zweiten Kurbel ungleichförmig. Die Zeiten für den Hin- und Rückgang verhalten sich wie die Zentriwinkel α und β der Kurbel b.

Anwendung findet die umlaufende Kurbelschleife beispielsweise als Vorschaltgetriebe für eine Geradschubkurbel zum Antrieb einer Hobelmaschine, Bild 6.28. Gegenüber der schwingenden Kurbelschleife kann hier der Hub (Hobellänge) verändert werden, ohne daß sich das Verhältnis von Hin- und Rückgangzeit ändert. Außerdem erhält man bei dieser Kombination ebenfalls einen langsamen, teilweise gleichförmigen Arbeitshub und einen schnellen Rückhub, Bild 6.28.

Weitere Anwendungen der umlaufenden Kurbelschleife als Wellenkupplung, in Kapselpumpen oder in Umlauf-Sternmotoren siehe [21].

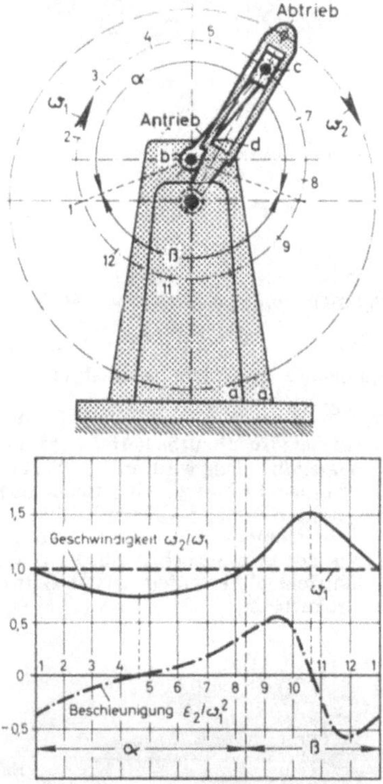

Bild 6.27: Umlaufende Kurbelschleife. Nach [21]
Unten: Verlauf von Geschwindigkeit und Beschleunigung des Abtriebsgliedes d.

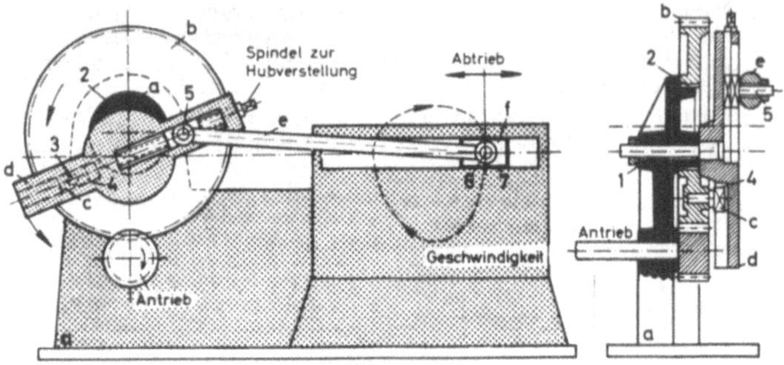

Bild 6.28: Umlaufende Kurbelschleife als Vorschaltgetriebe für eine Geradschubkurbel. Nach [21].

6. 5. Kurbelgetriebe mit zwei Dreh- und zwei Schubgelenken

Sind die beiden Dreh- und die beiden Schubgelenke jeweils benachbart, d. h. hintereinander angeordnet, so erhält man die Kreuzschleifenkette, Tabelle 6.2.

Sie entsteht aus der Geradschubkurbelkette, wenn außer dem Glied c auch das Glied d unendlich lang wird, Bild 6.29. Ähnlich wie beim Übergang von der Kurbelschwinge zur Geradschubkurbel, Bild 5.2b, wird an Stelle des stangenförmigen Gliedes b Glied c als Bogenführung ausgeführt. Der Halbmesser r der Bogenführung entspricht dabei der Koppellänge des ursprünglichen Gliedes b. Glied b ist zum bogenförmigen Gleitstein b' geworden. Dieses Getriebe entspricht noch der Geradschubkurbel.

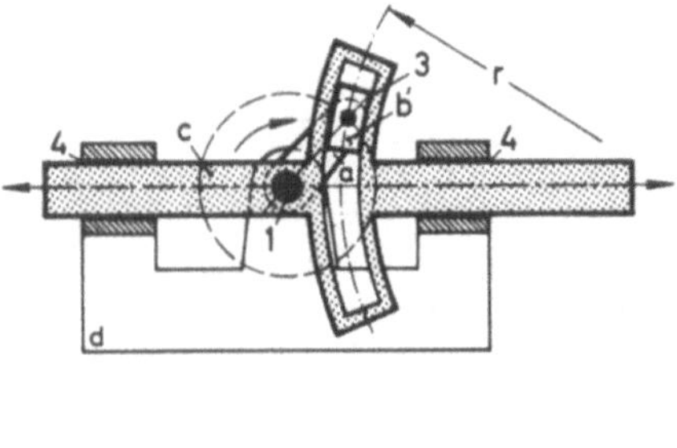

Bild 6.29: Geradschubkurbel mit Bogenführung. Übergang zur Kreuzschleifenkette.

Macht man nun den Halbmesser r unendlich groß, so erhält man die Kreuzschleifenkette, Bild 6.30. Sie besteht aus der Kreuzschleife c, den beiden Prismenführungen 3 und 4, dem Gleitstein b, den beiden Drehgelenken 1 und 2 und der Kurbel a.

Bild 6.30: Kreuzschubkurbel (umlaufende Kreuzschleifenkurbel).

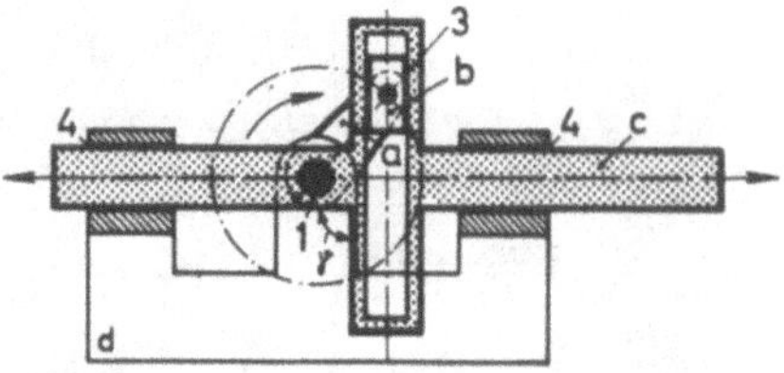

Es sind drei Aufstellungen möglich, Tabelle 6.2. Sie führen zu folgenden Getrieben:

6. 5. 1. Kreuzschubkurbel

Sie entsteht aus der Kreuzschleifenkette durch Aufstellung auf dem Glied d, Bild 6.30. Andere Bezeichnungen für dieses Getriebe sind: Umlaufende Kreuzschleifenkurbel oder schwingende Kreuzschleife.

Der Weg h, der im Gestell d gerade geführten Kreuzschleife c, ist dem Sinus des Kurbeldrehwinkels α proportional. Für eine rechtwinklige ($\gamma = 90^\circ$) Kreuzschleife gilt:

$$h = a \cdot \sin\omega t; \quad \text{mit } \hat{\alpha} = \omega \cdot t = \pi \cdot n/30 \cdot t \qquad (6.5)$$

n = Kurbeldrehzahl (U/min)
t = Laufzeit (s)

Daraus folgt, daß auch die Geschwindigkeit $v = dh/dt$ und die Beschleunigung $b = d^2h/dt^2$ nach Sinusgesetzen erfolgen. Das Bewegungsgesetz ist somit symmetrisch.

Der Winkel γ zwischen den beiden Geradführungen kann auch schiefwinklig ausgeführt werden. Neigungen bis $\gamma = 60^\circ$ sind praktisch brauchbar. Beim schiefwinkligen Getriebe wird der Hub größer.

Die Anwendung der Kreuzschubkurbel zum Antrieb der beiden Kolben c einer doppelt wirkenden Pumpe zeigt Bild 6.31. Die Antriebskurbel ist durch Zapfenerweiterung in einen Exzenter a umgewandelt worden. Dieser bewegt den Gleitstein b, der die Kolben c in eine hin- und hergehende Bewegung versetzt.

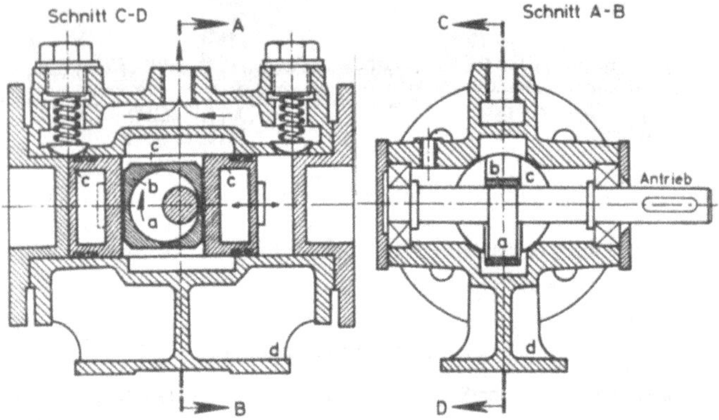

Bild 6.31: Anwendung der Kreuzschubkurbel in einem Kleinkompressor (Fa. KNORR-Bremse).

6. 5. 2. Doppelschieber (Kardankreispaar)

Er wird auch als stehende Kreuzschleife bezeichnet. Bei Aufstellung der Kreuzschleifenkette auf dem Kreuz c bewegen sich die beiden Gleitsteine b und d geradlinig hin und her, Bild 6.32. Die Koppel a beschreibt mit ihren Punkten Kurven gegenüber dem Gestell c. Diese Bewegungen sind getriebetechnisch von großer Bedeutung.

Die beiden Gelenke des Gliedes a beschreiben infolge ihrer Führung in den Prismenpaaren 3 und 4 gerade Linien. Der Mittelpunkt 5 der Koppel a beschreibt einen Kreis mit dem Radius $\overline{50}$ um den Mittelpunkt 0 des Kreuzes. Alle anderen Punkte von a beschreiben Ellipsen, Bild 6.32. Der Koppelpunkt 6, der auf der Verlängerung von $\overline{12}$ liegt, beschreibt beispielsweise eine Ellipse, deren große Achse die

Länge $\overline{26}$ hat und in die Richtung der Geradführung 4 fällt. Die kleine Halbachse hat die Länge $\overline{16}$. Sie fällt in Richtung der Geradführung. 3. Der Punkt 7 hat eine beliebige Lage in der durch die Koppel a bestimmten Ebene. Er beschreibt eine Ellipse, die eine schräge Lage in der Gestellebene c hat.

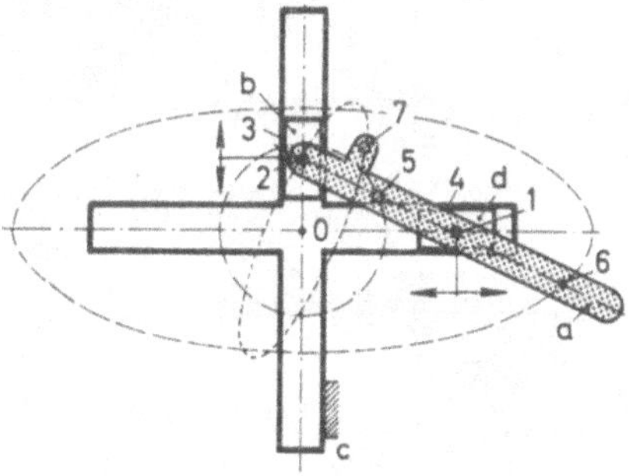

Bild 6.32: Doppelschieber (stehende Kreuzschleife).

Da der Punkt 5 auf einem Kreis geführt wird, kann man eine Kurbel vom Radius $\overline{50}$ = 0,5 · a zwischen dem Punkt 5 und dem Schnittpunkt 0 der Geradführungen 3 und 4 anbringen. Dieses Getriebe, das eine übergeschlossene Kette darstellt, kann jetzt von der Kurbel a_o angetrieben werden. Der Zwanglauf bleibt erhalten, wenn man z. B. die Gleitbahn 3 wegläßt, Bild 6.33. Punkt 2 wird dann trotzdem durch das Getriebe auf einer Geraden geführt. Man erhält so eine "genaue Geradführung".

Damit ist eine gleichschenklige Geradschubkurbel entstanden, Bild 6.33. Der Hub des Koppelpunktes 2 entspricht der doppelten Koppellänge (2a) bzw. der vierfachen Kurbellänge ($4a_o$). Die Bewegung dieses Getriebes ist jedoch die gleiche wie die des Doppelschiebers.

Kardankreise: Die Kardankreise sind die eigentliche geometrische Grundlage. Doppelschieber und gleichschenklige Geradschubkurbel sind nur die Anwendungsformen der Kardankreise.

Ein wichtiges Kennzeichen für die Bewegung eines jeden Getriebes sind die Polbahnen. Das sind Bahnen, die während der Bewegung des Getriebes aufeinander abrollen ohne zu gleiten. Die Rastpolbahn ist mit dem jeweiligen Gestell fest verbunden, während die Gangpolbahn mit der Koppel umläuft. Man ermittelt die Rastpolbahn, in dem man die Bahnnormalen (Bahnen, die die beiden Gelenkpunkte der Koppel beschreiben) zum Schnitt bringt. Siehe hierzu auch Getriebelehre I, S. 34.

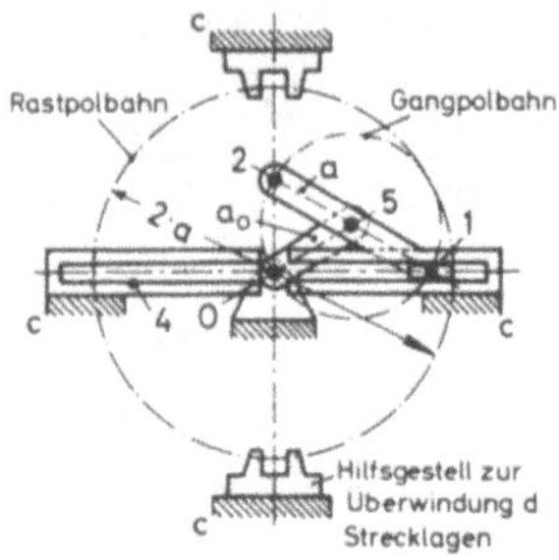

Bild 6.33: Übergang vom Doppelschieber zur gleichschenkligen Geradschubkurbel. Erzeugung des Kardankreispaares. Nach [22].

Beim Doppelschieber sind die Rast- und die Gangpolbahn zwei geometrisch sehr einfache Kurven. Die Rastpolbahn ist ein Kreis vom Radius a mit Mittelpunkt 0, Bild 6.33. Die Gangpolbahn ist ebenfalls ein Kreis. Er hat den Radius $a_0 = a/2$. Die mit der Koppel verbundene Gangpolbahn rollt in der Rastpolbahn ab. Beide Mittelpunkte (0 und 5) liegen auf der gleichen Seite der Polbahntangente. Jeder Punkt auf der Gangpolbahn beschreibt eine Gerade (= Sonderfall einer Ellipse), die durch den Mittelpunkt 0 geht, während alle anderen Punkte der Koppelebene Ellipsen beschreiben.

Außer mit Doppelschieber und gleichschenkliger Geradschubkurbel läßt sich das Kardankreispaar auch auf andere Art getrieblich darstellen, z. B. durch Zahnräder (Innenverzahnung!) oder Reibgetriebe. Siehe z. B. [22].

Hauptanwendung des Doppelschiebers ist der Ellipsenzirkel. Durch Veränderung der Längen $\overline{16}$ (kleine Halbachse) und $\overline{26}$ (große Halbachse) in Bild 6.32 lassen sich Ellipsen beliebiger Größe und Achsenverhältnisse erzeugen.

Bereits Leonardo da Vinci hat den Doppelschieber zum Entwurf einer Ovaldrehbank benutzt [25, 26].

6. 5. 3. Doppelschleife

Die Doppelschleife, oft auch als umlaufende Kreuzschleife bezeichnet, entsteht aus der Kreuzschleifenkette durch Aufstellung auf dem Glied a, Tabelle 6.2. Im Gegensatz zur Doppelkurbel und zur umlaufenden Kurbelschleife erfolgt die Bewegungsübertragung zwischen den Gliedern b und c völlig gleichförmig. Das Getriebe eignet sich deshalb als Kupplung für parallele Wellen bei kleinem Achsabstand.

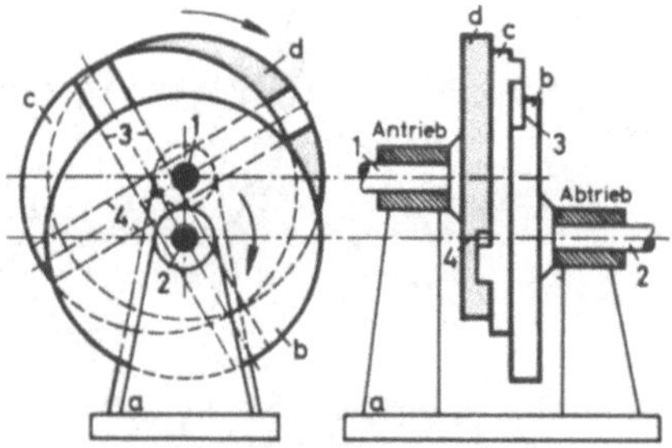

Bild 6.34: Anwendung der Doppelschleife. OLDHAM-Kupplung zum Ausgleich kleiner, paralleler Versetzungen von zwei Wellen.

Sehr bekannt als Anwendung der Doppelschleife ist die dreiteilige OLDHAM-Kupplung, Bild 6.34. Die Glieder b, c und d sind als gleichgroße Scheiben ausgebildet. Glied c trägt auf jeder Seite prismatische Leisten, die um 90° versetzt sind. Die Glieder b und d haben entsprechende Nuten zur Aufnahme dieser Leisten. Glied c führt während der Drehung der beiden Wellen Relativbewegungen gegenüber dem Gestell a aus.

Auch die Doppelschleife wird zur Konstruktion von Ovalwerken benutzt. Ovalwerke sind Drehbänke, auf denen unrunde Teile, z. B. Radkörper für elliptische Zahnräder, hergestellt werden können [25].

6. 6. Koppelkurven der Viergelenkgetriebe

Koppelkurven sind die Bahnen von Punkten des Koppelgliedes, die während des Bewegungsablaufes beschrieben werden. Sie haben eine große Bedeutung für die technische Anwendung der Getriebe. Siehe auch Getriebelehre I, S. 121.

Die im Gestell gelagerten Glieder dagegen führen relativ dazu nur Dreh-, Schwing- oder Schiebebewegungen aus.

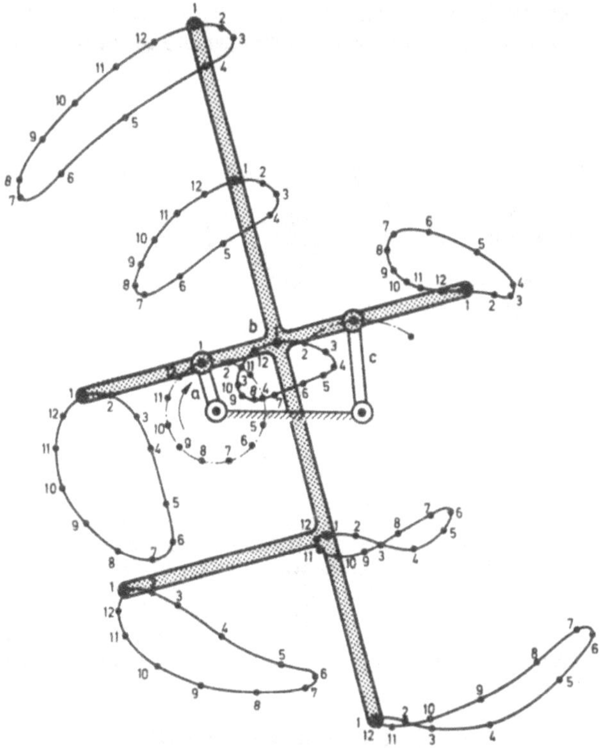

Bild 6.35: Koppelkurven einer Kurbelschwinge. Nach [21].

Je nach Getriebeart und Getriebeabmessungen, sowie nach Lage des Koppelpunktes in der Koppelebene, erhält man unterschiedliche Kurven verschiedenartigster Formen. Als Beispiele zeigen die Bilder 6.35 und 6.36 Koppelkurven der Kurbelschwinge bzw. der Geradschubkurbel.

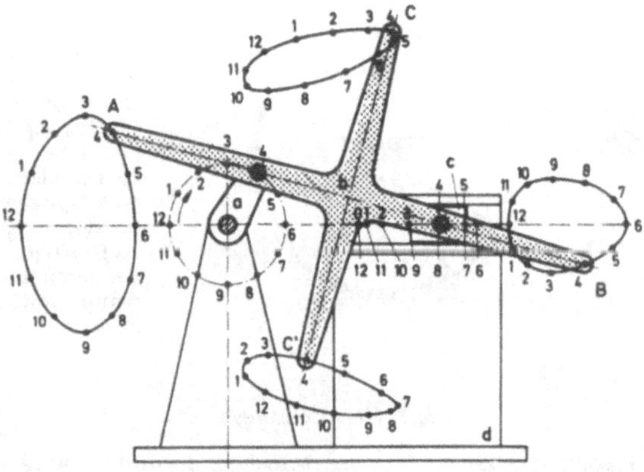

Bild 6.36: Koppelkurven einer Geradschubkurbel. Nach [21]

Für den Konstrukteur ist dabei der Satz von ROBERTS wichtig:

Jede Koppelkurve kann von drei Gelenkvierecken unterschiedlicher Abmessungen erzeugt werden.

Die Vielzahl der möglichen Kurvenformen und die schwierige mathematische Darstellung der Koppelkurven erschweren das Auffinden geeigneter Kurven für einen bestimmten, vorgegebenen Anwendungszweck. Man war bisher auf zeichnerische Verfahren zur Ermittlung der Koppelkurven angewiesen [24, 27].

Einen ausgezeichneten Überblick über die Koppelkurven des Gelenkvierecks erhält man aus [20].

Die modernen und schnellen Verfahren der Digital- und Analogrechentechnik erleichtern jedoch dem Konstrukteur das systematische Auffinden geeigneter Koppelkurven bei gleichzeitig brauchbaren Getriebeabmessungen [27, 28 und 29].

Die Anwendung einer Koppelkurve in einem Heuwender zur Erzeugung der Wurfbewegung der Heuwendegabeln zeigt das Bild 6.37. Weitere Anwendungen siehe die Bilder 6.7, 6.25 und 6.32.

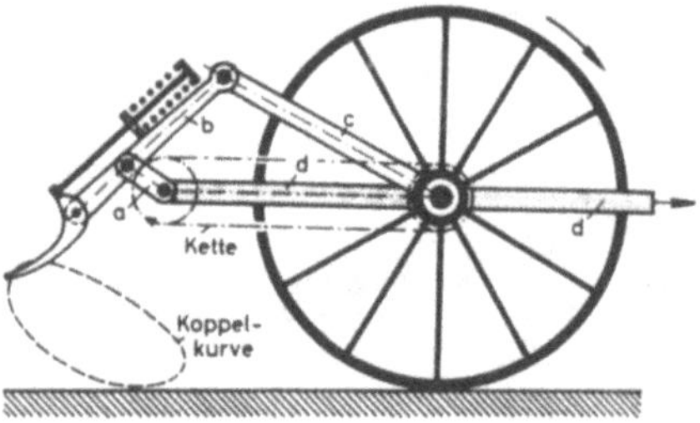

Bild 6.37: Anwendung der Koppelkurve einer Kurbelschwinge für die Wurfbewegung der Gabeln eines Heuwenders. Die Gabelspitzen können beim Auftreffen auf Hindernisse federnd zurückweichen. Nach [24]

6. 7. Geradführungen

Eine besondere Aufgabe der Getriebetechnik ist oft die *genaue* oder *angenäherte* Führung eines Punktes auf einer Geraden [30, 31, 32, 33].

Die Bedingung der genauen Geradführung wird zwar z. B. von der Geradschubkurbel erfüllt. Bei der praktischen Ausführung des Getriebes ist aber häufig kein Platz zur Unterbringung der Geradführung, die ja die Anordnung eines Prismenpaares erfordert. Oft ist die Geradführung dort unterzubringen, wo sich kein Gestell befindet. Zur Lösung der Aufgabe der "freien Geradführung" werden deshalb Gelenkgetriebe bzw. Teile ihrer Koppelkurven benutzt.

Dem *genauen Ellipsenlenker,* Bild 6.38, liegt die gleichschenklige Schubkurbel, Bild 6.33, zugrunde. Der Punkt K in Bild 6.38 beschreibt eine genau geradlinige Bahn, wenn das Antriebsglied a hin- und herbewegt wird. Die Bewegung kann aus dem Kardankreispaar,

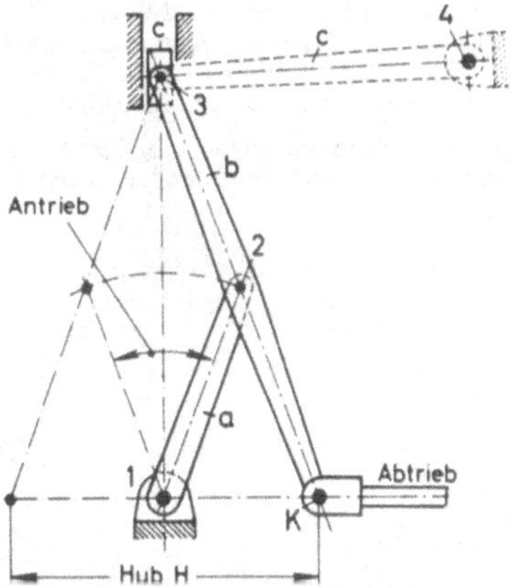

Bild 6.38: Geradführung. Genauer Ellipsenlenker (Strecke $\overline{12} = \overline{23} = \overline{2K}$) und Übergang zum Ellipsenlenker von EVANS.

Bild 6.33, hergeleitet werden. Der Name Ellipsenlenker kommt daher, daß alle Punkte des Gliedes b Ellipsen, bzw. Ausschnitte aus Ellipsen beschreiben.

Ersetzt man in Bild 6.38 beim genauen Ellipsenlenker die Geradführung des Punktes 3 (Prismenpaar) durch eine Kreisbogenführung mittels Drehgelenk und Schwinge c, so erhält man den *Ellipsenlenker* von EVANS. Dieses Getriebe mit angenäherter Geradführung wird zur Führung von Schreibstiften in Meßgeräten verwendet.

Die Geradführung von HOECKEN, Bild 6.39, benützt ebenfalls den

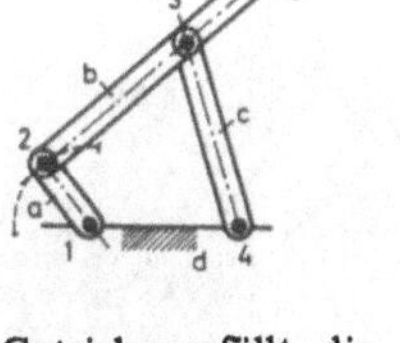

Bild 6.39: Geradführung von HOECKEN. Günstige Abmessung: b = c = e = 2,5 · a; d = 2,0 · a.

Koppelpunkt eines Viergelenkgetriebes. Das Getriebe erfüllt die GRASHOFsche Bedingung (Abschn. 6.3.), die Kurbel a kann umlaufen.

Bei der WATTschen Geradführung, Bild 6.40, (Lemniskaten-Lenker) sind die beiden Schwingen a und c gleich lang. Punkt C der Koppel b beschreibt eine Lemniskate (Schleifenkurve) mit einer guten, angenäherten Geradführung fast während des gesamten Hubes.

Eine weitere einfache Möglichkeit zur Geradführung bietet der ROBERTsche Dreieckslenker. Siehe hierzu Getriebelehre I, S. 126.

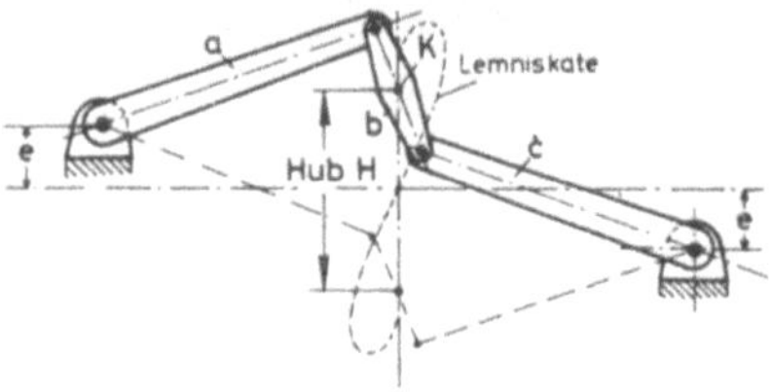

Bild 6.40: WATTsche Geradführung. Günstige Abmessung als Funktion des gewünschten Gerad-Hubes H: a = c = 1,5 · H; b = 0,67 · H; e = 0,33 · H; Koppelpunkt K in der Mitte von Glied b.

7. Keilgetriebe

Das Keilgetriebe ist das einfachste Getriebe. Es besteht nur aus den drei Gliedern a, b und c, wobei jeweils ein Glied zum Gestell werden kann. Sie sind durch drei Prismenpaare miteinander verbunden, Bild 7.1. Aufgabe dieses Getriebes ist es, eine Geradschubbewegung des Antriebs in eine dazu winklige Geradschubbewegung des Abtriebs

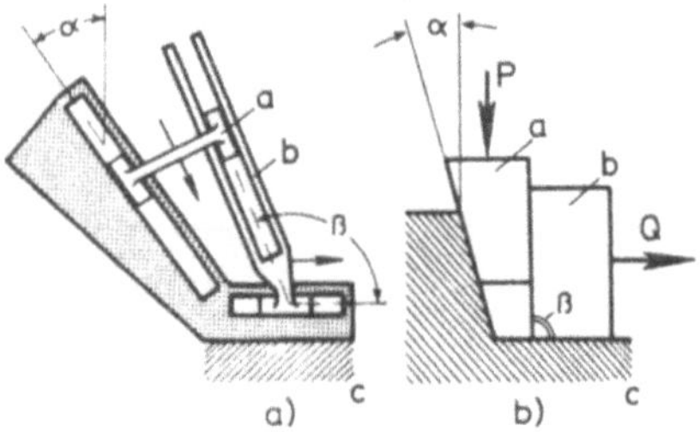

Bild 7.1: Keilgetriebe a) schiefwinklig, $\beta \neq 90°$ b) rechtwinklig, $Q = P/tg\alpha$.

umzuwandeln. Das Keilgetriebe entsteht aus der Viergelenkkette. Ersetzt man in der Kreuzschleifenkette eines der beiden Rundlingspaare durch ein weiteres, drittes Prismenpaar, Bild 7.1, so kann das verbleibende Rundlingspaar keine Bewegung mehr ausführen. Die beiden hierdurch verbundenen Glieder können dann durch ein einziges Glied ersetzt werden. Meist wird das Getriebe so ausgeführt, daß zwei der drei Geradführungen aufeinander senkrecht stehen, Bild 7.1b.

Mit dem Keiltrieb können große Kraftübersetzungen erzielt werden, Bild 7.1. Bei kleinen Winkeln kann auch Selbsthemmung erreicht werden. Der Antrieb ist dann nur durch ein Glied möglich. Das Getriebe läßt sich nicht vom Abtrieb aus rückwärts bewegen.

Selbsthemmende Keiltriebe finden als Verspannungsmittel in Maschinen und Vorrichtungen vielfache Anwendung, z. B. Bild 7.2.

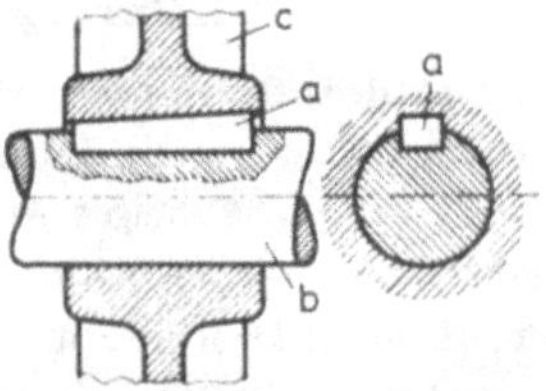

Bild 7.2: Einlegekeil als Wellen-Nabenverbindung. Anwendung einer Keilkette in einer vorgespannten Formschlußverbindung.

Eine Anwendung aus der Feinwerktechnik zur Schneideneinstellung einer Waage zeigt Bild 9.6 a.

Eine Vorrichtung zum Stanzen seitlicher Löcher ist in Bild 7.3 dargestellt. Der Stanzstempel b wird in einer prismatischen Führung des Gestelles c geführt. Über die Keilflächen 2 wird der zweite Stempel d zum Stanzen der seitlichen Löcher geführt.

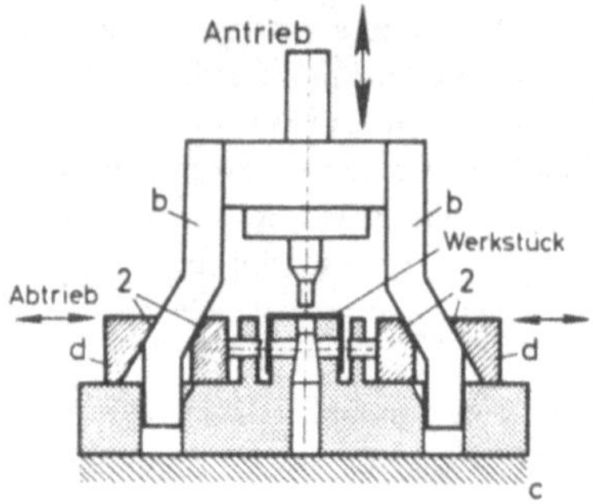

Bild 7.3: Keilgetriebe in einem Stanzwerkzeug zum Stanzen seitlicher Löcher.

8. Kurvengetriebe

8. 1. Grundlagen. Definition. Einteilung

Kurventriebe finden sich an vielen Arbeits- und Kraftmaschinen. Sie dienen ebenso wie die Kurbelgetriebe hauptsächlich zur Umwandlung einer gleichförmigen Antriebsbewegung in eine hin- und hergehende Abtriebsbewegung.

Ihr Hauptmerkmal ist, daß in einfacher Weise vorgeschriebene und komplizierte Bewegungsgesetze des Abtriebsgliedes verwirklicht werden können. Man kann entweder den Hubverlauf oder, wenn lediglich der Gesamthub H vorgeschrieben ist, entweder den Geschwindigkeits- oder den Beschleunigungsverlauf des Abtriebsgliedes vorgeben. Über Kurvengetriebe liegen wie bei Kurbelgetrieben umfangreiche und systematische Untersuchungen vor, z. B. [34].

Kurvengetriebe sind dreigliedrig. In der allgemeinen Form bestehen sie aus dem Steg c und zwei beliebig begrenzten Gliedern a und b, Bild 8.1. In jedem Berührungspunkt der Glieder a und b läßt sich

Bild 8.1: Allgemeine Form des ebenen Kurvengetriebes und Ersatz-Viergelenkgetriebe für den Berührungspunkt A. (1 bzw. 2 sind die momentanen Krümmungsmittelpunkte).

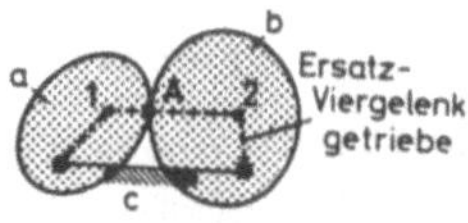

das Kurvengetriebe durch ein gleichwertiges Kurbelgetriebe ersetzen, Bilder 8.1, 8.9 und 8.10 [35]. Damit können die für die Untersuchung von Gelenkgetrieben entwickelten Verfahren zur Bestimmung von Geschwindigkeiten, Beschleunigungen und Kräften auch auf Kurvengetriebe angewendet werden, vergleiche Getriebelehre I.

Drei verschiedene Aufstellungsarten der Kurvengetriebe sind möglich, Bild 8.2. In den meisten Anwendungsfällen erfolgt die Aufstellung aber auf dem Steg c, Bild 8.2a. Dabei erfolgt der Antrieb über den Kurventräger a, der Abtrieb über das Eingriffsglied (Hubglied) b.

Bild 8.2: Aufstellungsarten bei Kurvengetrieben. Nach [5]. Antrieb durch: a) Kurvenscheibe a (Normalfall), b) Steg c c) Hubglied b.

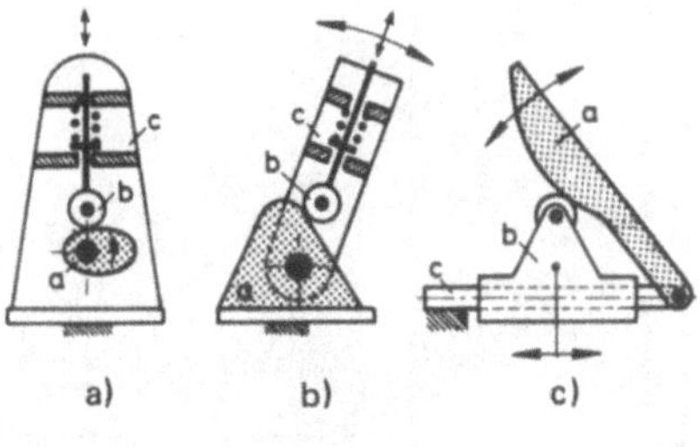

Man unterscheidet,

a) *nach der Art des Abtriebsgliedes:*

Kurvengetriebe mit zentrisch oder exzentrisch geführtem Schieber und mit Schwinghebel (Kurvenschwinggetriebe), Bild 8.5.

b) *nach der Form des Antriebsgliedes:*

Exzentergetriebe mit kreisförmigen Kurvenscheiben, Bilder 8.9 und 8.10. Nockengetriebe, bei denen die Flanken der Kurven-

Tabelle 8.1: Beispiele für Bewegungsgesetze von Kurvengetrieben. Die Diagramme sind auf einen Gesamthub H und eine Hubzeit T von 1,0 bezogen.

	BEWEGUNGSGESETZ	HUB s	GESCHWINDIGKEIT v	BESCHLEUNIGUNG b	BEMERKUNGEN
1	GERADE $s = \frac{H}{T} \cdot t$	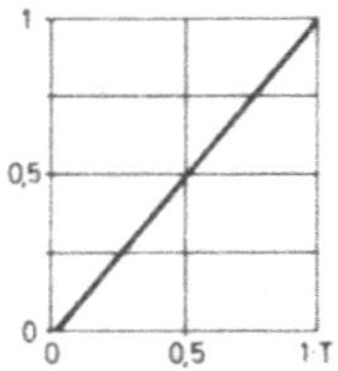	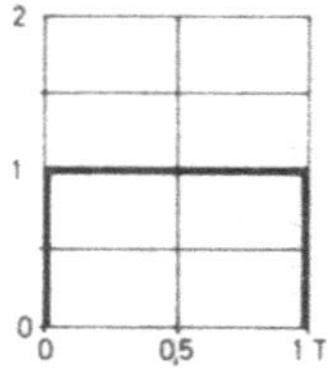	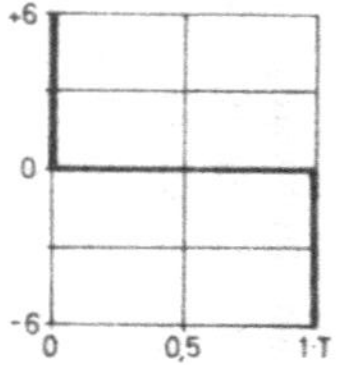	Gleichförmiger Hub; konstante Geschwindigkeit; nur für niedrige Geschwindigkeiten; Stöße zu Beginn und Ende der Hubbewegung.
2	TRIGONOMETRISCHE FUNKTION $s = \frac{H}{2}[1 - \cos(\pi/T \cdot t)]$	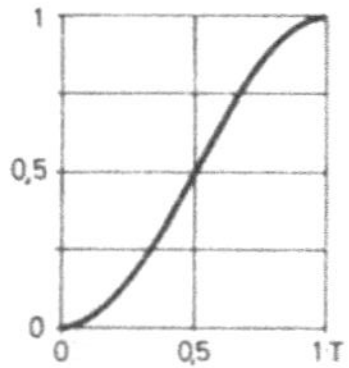	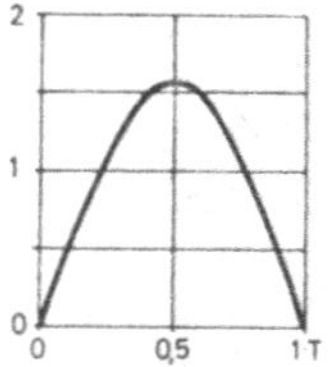	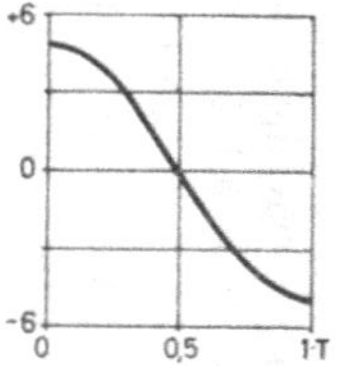	Sinoidischer Verlauf der Hubbewegung; mäßige Beschleunigung, aber Ruck zu Beginn und Ende der Hubbewegung.

3	PARABEL (2 Parabeläste) 1. Ast: $o \leqq t \leqq \frac{T}{2}$ $s = 2 \cdot \frac{H}{T^2} \cdot t^2$ 2. Ast: $\frac{T}{2} \leqq t \leqq T$ $s = H\,[1 - 2\,(1 - \frac{t}{T})^2]$	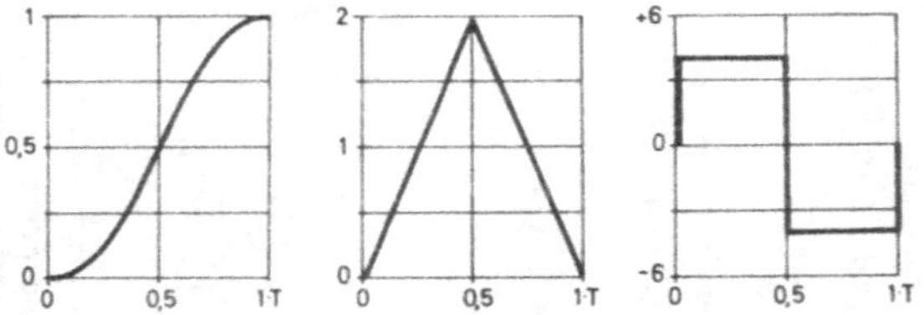	Linearer Anstieg der Geschwindigkeit; konstanter Beschleunigungsverlauf; geeignet für kleine bis mittlere Geschwindigkeiten.
4	TRIGONOMETRISCHE FUNKTION $s = H\,[t/T - \frac{1}{2\pi} \cdot \sin(\frac{2\pi}{T} \cdot t)]$	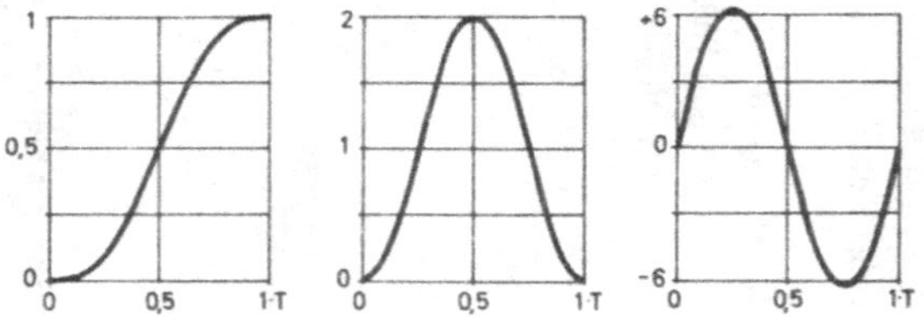	Sinoidischer Verlauf der Beschleunigung; geeignet für hohe Geschwindigkeiten.
5	KOMBINATION aus TRIGONOMETRISCHER FUNKTION (I) GERADE (II) TRIGONOMETRISCHER FUNKTION (III)	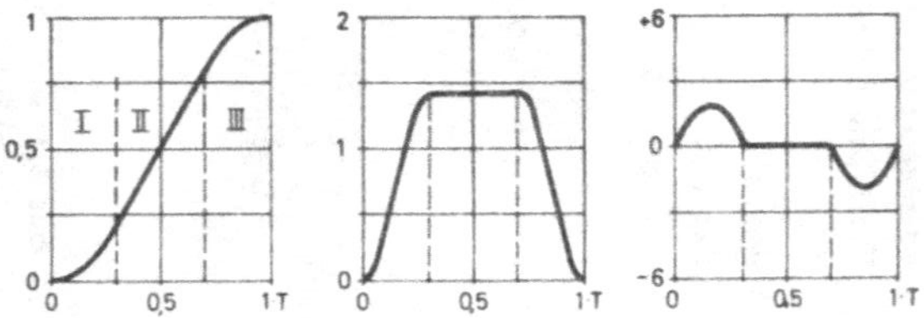	Zum Teil gleichförmiger Hub; sehr niedrige Beschleunigung; keine Stöße.

scheibe aus Kreisbögen verschiedenen Durchmessers zusammengesetzt sind. Dabei werden oft gerade Flankenstücke zwischengeschaltet, Bild 8.12. Ferner allgemeine Kurvenscheiben mit beliebig nach vorgegebenen Bewegungsgesetzen ausgebildeten Kurvenflanken, Bild 8.5.

c) *nach der Art, wie der Zwanglauf zwischen An- und Abtriebsglied erreicht wird:*
Kraft- und formschlüssige Kurvengetriebe, Bilder 8.10, 8.14 und 8.15.

d) *nach der Art der Antriebsbewegung:*
Kurvenschübe, Schwingkurven- und Wälzhebelgetriebe mit hin- und hergehender Antriebsbewegung, Bilder 8.3 und 8.19.

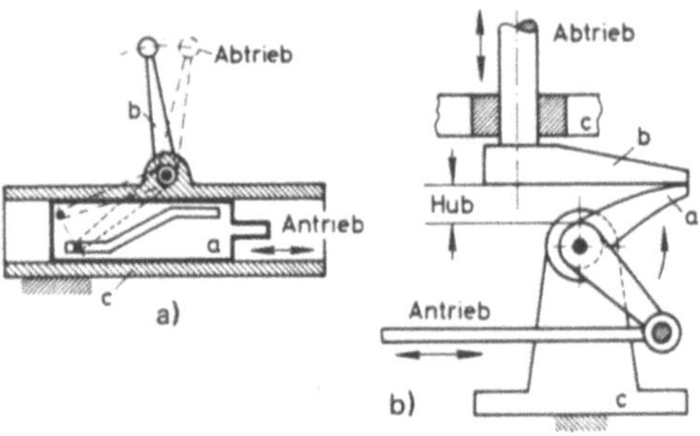

Bild 8.3: Kurvengetriebe mit hin- und hergehendem Antrieb.
a) Kurvenschub b) Schwingkurvengetriebe.

Kurvengetriebe mit gleichförmig drehender Antriebsbewegung.

e) *nach der Form des Kurventrägers und der Zuordnung der Achsen von An- und Abtriebsglied:*
Ebene und räumliche Kurvengetriebe. Bei den räumlichen Kurvengetrieben wird das Bewegungsdiagramm auf dem Umfang von Rotationskörpern aufgetragen, Bilder 8.20 bis 8.25.

8. 2. Vor- und Nachteile. Hauptanwendungsgebiete

Vorteile: Mit Kurvengetrieben können komplizierte Bewegungen, die sich mit viergliedrigen Kurbelgetrieben nicht und mit sechs- und mehrgliedrigen Kurbelgetrieben nur ungenau erzeugen lassen, verwirklicht werden. Lange und genaue Rasten, sowie ein gleichförmiger Vorschub können eingehalten werden. Die Bauweise ist einfach, flach und gedrängt. Sie ermöglicht eine einfache Montage. Ein günstiger Übertragungswinkel (siehe Abschn. 8.3.2.) ist immer zu erreichen. Oft ist eine billige und genaue Herstellung (Exzenterscheiben, Nocken) möglich. Der konstruktive Aufwand beim Entwurf ist gering.

Nachteile: An- und Abtriebsglied bilden in ihrer Berührungsstelle ein höheres Elementenpaar. Die Hertzsche Pressung ist dadurch hoch. Starker Verschleiß und unter Umständen sogar Grübchenbildung kann auftreten. Soll der Verschleiß herabgesetzt werden, so müssen hochwertige, evtl. gehärtete Werkstoffe verwendet werden. Außerdem ist eine Abdichtung gegen Schmiermittelaustritt und Schmutzeintritt schlechter als bei den Gelenken von Kurbeltrieben zu erreichen.

Die Verwirklichung komplizierter Bewegungsgesetze erfordert teuere und oft nicht genaue Herstellungsverfahren. Bei schnellaufenden Kurvengetrieben muß das dynamische Verhalten besonders beachtet werden [36]. Kurvengetriebe bilden ein schwingungsfähiges System bestehend aus Masse und Elastizität des Antriebsgliedes, Federkonstante der Anpreßvorrichtung, Masse und Elastizität des Eingriffsgliedes. Die Schwingungen können durch die Form des Bewegungsgesetzes bzw. der Kurvenscheibe und Ungenauigkeiten des Antriebsgliedes angeregt werden. Hochtourige Kurvengetriebe sind lauter als Gelenkgetriebe. Abheben des Eingriffsgliedes (Verfälschung des Bewegungsgesetzes) und dynamische Zusatzkräfte können auftreten.

Hauptanwendungsgebiete: Steuerung von Werkzeugmaschinen, Bild 8.22; Verbrennungskraftmaschinen (Ventilantrieb über Nockenwelle, Bild 8.14; Steuerung und Stößelantrieb in Einspritzpumpen, Bild 8.25); Wirk- und Webmaschinen; Feinwerktechnik (elektrische Schreibmaschinen, Feineinstellung von Mikroskopen, Fahrtschreiber); Nähmaschinen; Meßtechnik (z. B. Temperaturregler).

Kurvengetriebe können auch als Rechengetriebe zur Darstellung einer mathematischen Funktion eingesetzt werden.

8. 3. Entwurf von Kurvengetrieben

8. 3. 1. Bewegungsgesetz

Das Bewegungsgesetz, meist dargestellt als Weg- oder Geschwindigkeits-Zeit-Diagramm in rechtwinkligen koordinaten, bestimmt Hub-, Geschwindigkeits- und Beschleunigungsverlauf des Abtriebsgliedes. Beim Entwurf sind zwei Fälle zu unterscheiden.

1. Der Hubverlauf ist genau vorgeschrieben. Damit ist auch Verlauf und Größe von Geschwindigkeit v und Beschleunigung b des Abtriebsgliedes festgelegt.
2. Es ist lediglich der Gesamthub H und die Zeit T, in der der Hub erfolgen soll, vorgegeben. Durch die Wahl eines geeigneten Bewegungsgesetzes, Tabelle 8.1, kann Größe und Verlauf von v und b in weiten Grenzen variiert werden.

Tabelle 8.1 gibt einen Überblick über gebräuchliche Bewegungsgesetze. Die Auswahl richtet sich nach folgenden Gesichtspunkten:

1. Das Weg-Zeit- und das Geschwindigkeits-Zeit-Diagramm sollen kontinuierlich verlaufen. Unstetigkeiten im Geschwindigkeitsverlauf, z. B. Tabelle 8.1 Gesetz 1, bedingen Beschleunigungen unendlicher Größe. Es treten Stöße auf.
2. Bei Kurvengetrieben für hohe Geschwindigkeiten soll der Maximalwert der Beschleunigung so klein wie möglich und der Beschleunigungsverlauf kontinuierlich sein. Unstetigkeiten im Beschleunigungsverlauf werden als Ruck bezeichnet, z. B. Tabelle 8.1 Gesetz 2. Sie begünstigen das Auftreten von Schwingungen.

Zum Entwurf hochtouriger Kurvengetriebe siehe z. B. [37].

8. 3. 2. Kleinster Kurvenscheibendurchmesser. Übertragungswinkel

Die Größe einer Kurvenscheibe wird hauptsächlich durch den kleinsten zulässigen Übertragungswinkel μ bestimmt. Er ist definiert als Winkel zwischen der Bewegungsrichtung des Eingriffsgliedes und der Tangente an die Kurvenscheibe, Bild 8.4. In der Praxis haben sich bei Antriebsdrehzahlen bis 30 U/min Werte von $\mu \geqq$ von 45° und bei über 30 U/min von $\mu \geqq 60^\circ$ bewährt. Kleinere μ-Werte können zum Klemmen zwischen An- und Abtriebsglied führen. Bei gegebe-

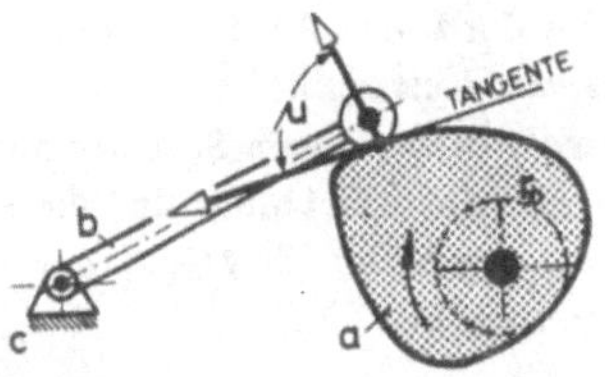

Bild 8.4: Zur Definition des Übertragungswinkels μ bei Kurvengetrieben.

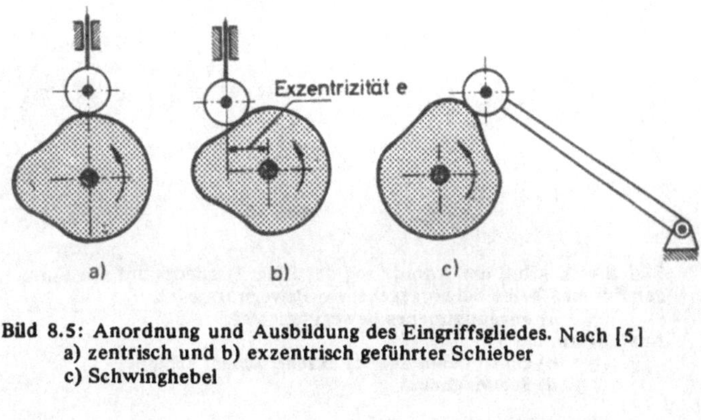

Bild 8.5: Anordnung und Ausbildung des Eingriffsgliedes. Nach [5]
a) zentrisch und b) exzentrisch geführter Schieber
c) Schwinghebel

nem Bewegungsgesetz wird der kleinstmögliche Grundkreisradius r_o so bestimmt, daß an keinem Flankenpunkt der zulässige Wert für μ unterschritten wird. Vergleiche hierzu Getriebelehre I, Seite 141/147 und [38].

Der Entwurf der kleinsten, getrieblich noch günstigen Kurvenscheibe ist anzustreben. Geschwindigkeiten, Gleitwege, Verschleiß und Unwucht sind dann geringer.

8. 4. Ausbildung und Anordnung des Eingriffsgliedes

Im allgemeinen wird das Eingriffsglied als Schieber oder Schwinghebel ausgeführt, Bild 8.5. Bei der *zentrischen* Kurvenscheibe verläuft die Schieberachse durch den Scheibenmittelpunkt, Bild 8.5a. Von einer *exzentrischen* Kurvenscheibe spricht man, wenn die Schieberachse in einem Abstand e vom Scheibenmittelpunkt angeordnet ist, Bild 8.5b. Die Art der Führung und die Anordnung des Eingriffsgliedes hat bei gegebenem Bewegungsgesetz wesentlichen Einfluß auf die Kurvenform, Bild 8.6.

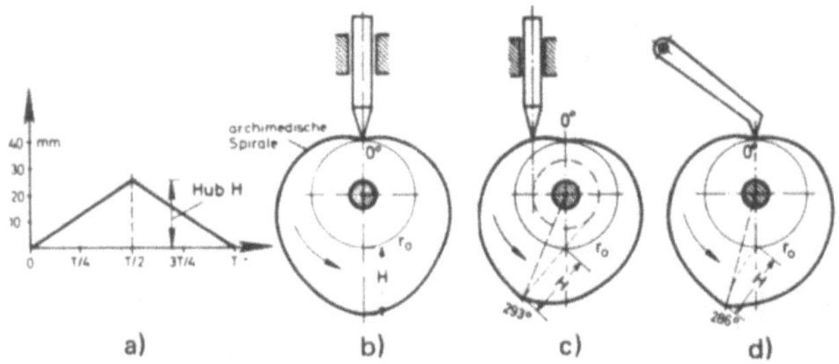

Bild 8.6: Einfluß der Anordnung des Eingriffsgliedes auf die Form der Kurvenscheibe bei vorgegebenem Bewegungsgesetz.
a) angenommenes Bewegungsgesetz
Kurvenform bei
b) zentrischem und c) exzentrischem Schieber
d) Schwinghebel

Eine Sonderkonstruktion für die Ventilsteuerung eines hochtourigen PORSCHE Sportwagenmotors zeigt Bild 8.14 b. Hier finden Schwinghebel und Schieber (Ventilstößel) gleichzeitig Verwendung. Diese Anordnung hat den Vorteil einer kleineren reduzierten Masse. Außerdem gewährleistet die Lagerung des Schwinghebels in einer Halbkugelschale eine gleichmäßige Linienberührung mit dem Nokken.

Die Form der Kurvenflanke ist weiterhin von der Ausbildung der Berührungsflächen am Eingriffsglied abhängig, Bild 8.7.

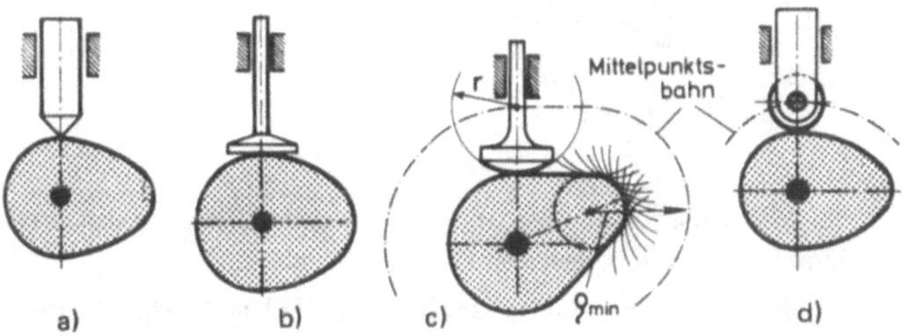

Bild 8.7: Ausbildung der Berührungsflächen am Eingriffsglied.
a) Spitze b) Ebene; Platten- oder Tellerstößel
c) Abrundung d) Rolle

Bei einer kreisförmigen Abrundung mit dem Halbmesser r, oder bei Verwendung einer Rolle bestimmt die Bahn des Kreismittelpunktes – die Mittelpunktsbahn – das Bewegungsgesetz. Die tatsächliche Kurvenflanke ist die Äquidistante zur Mittelpunktsbahn, Bild 8.7. Man findet sie als Hüllkurve der Kreisbögen mit dem Halbmesser r um die Mittelpunktsbahn. Der Halbmesser r muß kleiner als der kleinste Krümmungsradius ρ_{min} der Mittelpunktsbahn ausgeführt werden. Ist er größer, so tritt an der Kurvenflanke eine Spitze auf. An dieser Stelle kann das Bewegungsgesetz nicht exakt dargestellt werden, da die Rolle von der Mittelpunktsbahn abweicht, Bild 8.8.

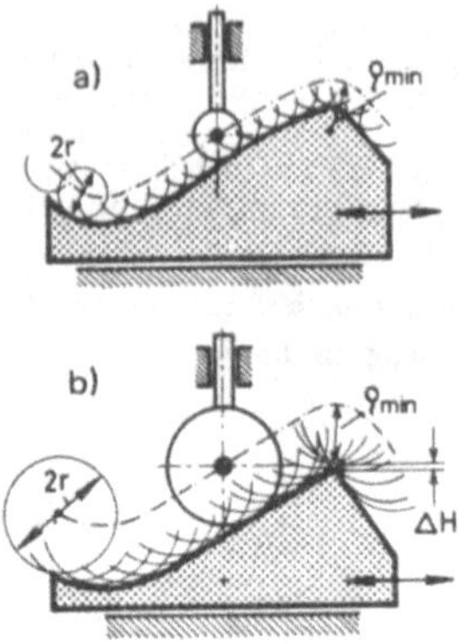

Bild 8.8: Einfluß der Abrundung des Eingriffsgliedes auf die Form der Kurvenflanke. Nach [107].
a) $r < \rho_{min}$; richtig!
b) $r > \rho_{min}$; falsch!

Bei einem plattenförmigen Hubglied entsteht die Kurvenflanke als Eingehüllte der verschiedenen Plattenstellungen.

Bei der Ausführung mit Spitze, Bild 8.7a, fallen Mittelpunktsbahn und Kurvenflanke zusammen. Wegen des hohen Verschleißes hat diese Form der Berührungsfläche keine praktische Bedeutung. Eine ebene, Bild 8.7b, oder kreisförmige Begrenzung, Bild 8.7c, ist günstiger. Eine weitere Verbesserung bringt die Verwendung einer Rolle, Bild 8.7d. Hier kann die gleitende Reibung an der Kurvenflanke weitgehend vermieden werden. Zur Konstruktion der Kurvenflanken nach gegebenen Bewegungsgesetzen siehe Getriebelehre I, S. 147.

8. 5. Ausbildung des Antriebsgliedes. Scheibenformen

Allgemeine Scheibenformen, z. B. Bild 8.5, finden Verwendung, wenn Hub-, Geschwindigkeits- oder Beschleunigungsverlauf genau eingehalten werden müssen. Ist nur der Gesamthub H von Interesse, so verwendet man gerne Scheiben einfacherer Form.

Exzenterscheiben, auch als Kurvenscheiben gleichen Durchmessers bezeichnet, haben den Vorteil der einfachen, billigen und genauen

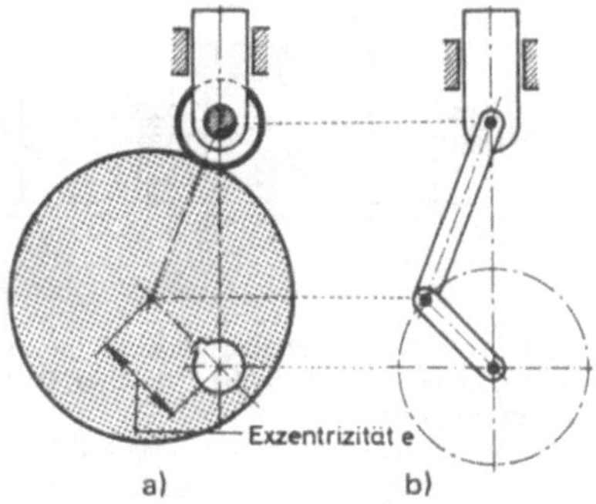

Bild 8.9:
a) Exzenterscheibe mit Hubglied
b) Geradschubkurbel als Ersatzgetriebe. Nach [34].

Herstellung, Bilder 8.9, 8.10. Die Exzenterscheibe ist eine besondere Form der Kurbel (siehe Abschn. 5), wobei der Kurbelradius der Exzentrizität e entspricht. Kurvengetriebe mit Exzenterscheiben lassen sich durch ein Kurbelgetriebe ersetzen, Bilder 8.9 und 8.10.

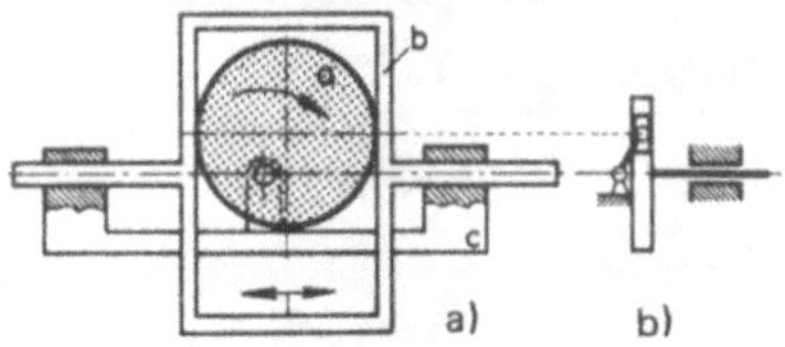

Bild 8.10:
a) Exzenterscheibe mit zwei geradlinigen Führungsflächen
b) Kreuzschubkurbel als Ersatzgetriebe. Nach [40].

Kurvenscheiben gleicher Breite, Bild 8.11, sind aus einzelnen Kreisbögen zusammengesetzt. Die Mittelpunkte der Kreisbögen liegen dabei einmal im Drehpunkt der Kurvenscheibe und zum anderen auf dem Flankenumfang. Eine solche Kurvenscheibe bleibt mit zwei in konstanter Entfernung ("gleiche Breite") angebrachten Flächen des Eingriffsgliedes immer in Berührung. Solange konzentrische Kreise

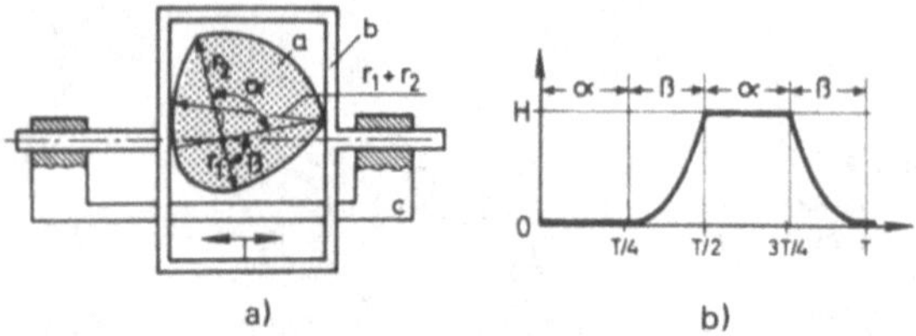

.Bild 8.11: Kurvenscheibe gleicher Breite mit zwei geradlinigen Führungsflächen. Die Scheibe „gleicher Breite" ist aus vier Kreisbögen zusammengesetzt.
Rechts: Bewegungsgesetz des Getriebes.

in Eingriff sind, ergeben sich Rasten. Dies zeigt das Weg-Zeit-Diagramm in Bild 8.11. Sie finden deshalb in Filmaufnahme- und Filmwiedergabegeräten Verwendung.

Harmonische Nocken sind ebenfalls aus Kreisbögen unterschiedlichen Durchmessers zusammengesetzt, Bild 8.12a. Die Lage der Kreismittelpunkte ist aber beliebig. Die Nocken erfüllen daher nicht die Bedingung gleicher Breite.

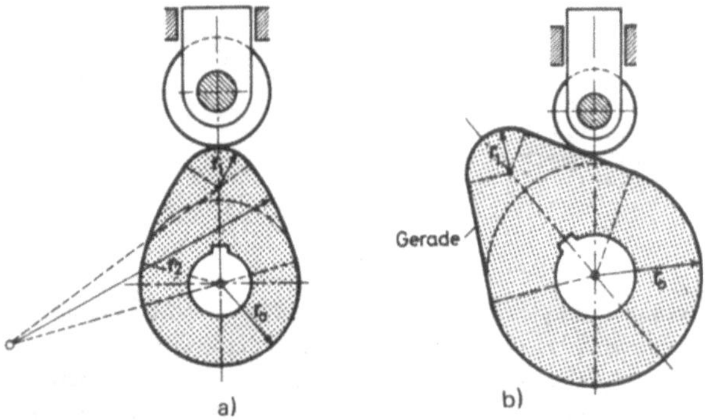

Bild 8.12:
a) Harmonischer Nocken, bestehend aus Kreisbögen
b) Tangentennocken, bestehend aus Kreisbögen und Geradenstücke.

Bei den *Tangentennocken*, Bild 8.12b, werden die einzelnen Kreisbögen durch Geradenstücke verbunden.

Solche Nocken finden z. B. in Verbrennungskraftmaschinen zum Ventilantrieb, Bild 8.14, oder in Einspritzpumpen, Bild 8.25, Verwendung. An den Stellen ihrer Flanken, an denen sich der Krümmungsradius plötzlich ändert, treten Sprungstellen im Beschleunigungsverlauf auf.

Bei den sogenannten *Schlagkurven*, Bild 8.13, verliert das Eingriffsglied im Punkt A den Kontakt mit der Kurvenflanke und schlägt dann im Punkt B auf. Die Formgebung des Kurvenabschnittes AB ist beliebig. Mit dieser Kurvenform wird also ein plötzliches Absenken des Hubgliedes erreicht.

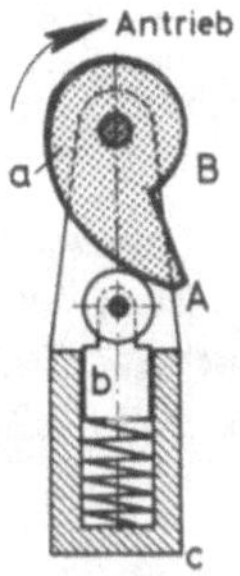

Bild 8.13: Schlagkurve. Zwanglauf wird unterbrochen, plötzliches Absinken des Hubgliedes.

8. 6. Kraft- und Formschluß bei Kurvengetrieben

Auf die Sicherung des Zwanglaufes zwischen An- und Abtriebsglied ist besonders zu achten.

Häufig wird der *Kraftschluß* mittels einer äußeren Kraft, beispielsweise Feder, Bild 8.14, hydraulisch oder pneumatisch erzeugtem Druck, erreicht.

Formschluß kann durch Ausbildung der Kurvenbahn als Nut erzielt werden, Bild 8.15. Bei dieser Ausführung muß genügend Spiel vorhanden sein, damit die Rolle immer nur an einer Kurvenflanke an-

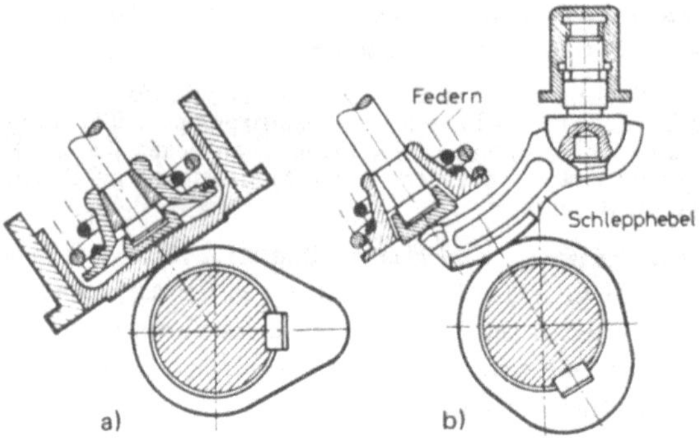

Bild 8.14: Kraftschlüssige Kurvengetriebe. Nockentriebe zur Ventilsteuerung eines Verbrennungsmotors.
a) Tellerstößel b) mit Schlepphebel (PORSCHE-Motor Typ 753).

liegt. Die Geschwindigkeit der Rolle an der Gegenflanke und die Geschwindigkeit der Gegenflanke selbst sind nämlich entgegengesetzt gerichtet. Wechselt die Richtung der Beschleunigung, so kommt jetzt die Rolle mit der Gegenflanke in Berührung. Durch das

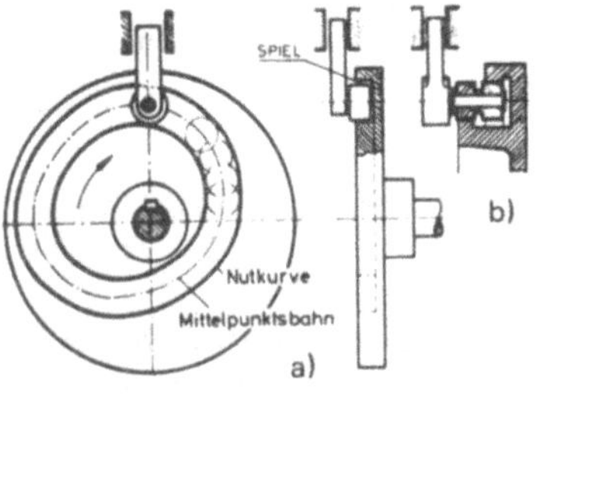

Bild 8.15: Formschlüssige Kurvengetriebe. Führung des Eingriffsgliedes in einer Nutkurve.
a) Einfache Anordnung mit einer Rolle. Zwanglauf durch Spiel zwischen Rolle und Nutkurve ungenau. Nach [34].
b) Anordnung mit zwei Rollen und zwei versetzten Laufbahnen der Nutkurve.

notwendigerweise vorhandene Spiel entsteht ein Stoß in der Bewegungsübertragung.

Dieser Nachteil kann teilweise durch die Verwendung eines ovalen Gleitsteines (Schiffchen), Bild 8.16, vermieden werden.

Das Spiel kann aber durch die Anordnung von zwei Rollen, die auf zwei versetzten Kurvenflanken abrollen, ganz ausgeschaltet werden,

Bild 8.16: Formschlüssige Kurvengetriebe. Kurvenscheibe mit zwei sich schneidenden Kurvenbahnen (zwei Umdrehungen für eine Hub-Senk-Periode). Vermeidung des Spiels durch Verwendung eines ovalen Gleitsteines.

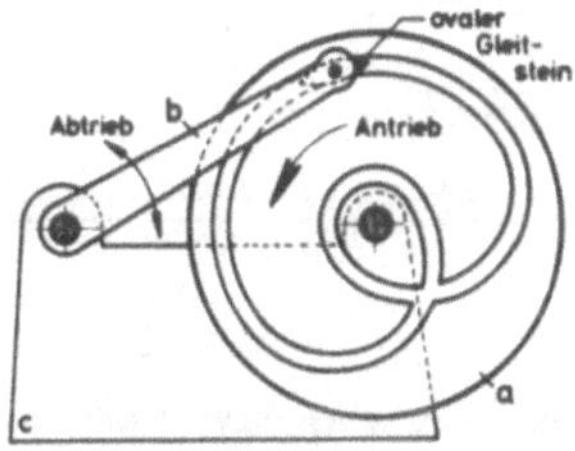

Bild 8.15 b. Bei Scheiben gleichen Durchmessers, Bild 8.10, oder gleicher Breite, Bild 8.11, kann leicht Formschluß erreicht werden, wenn das Hubglied zentrisch geführt wird. Eine praktische Ausführung hierzu ist der Schützenantrieb einer Bandwebmaschine [39],

Bild 8.17: Zwangläufiges Kurvengetriebe mit Kurvenscheibe gleicher Breite. Schützenantrieb einer Bandwegmaschine. Nach L. Hagedorn in [39]. f = Federanpressung der Rollen.

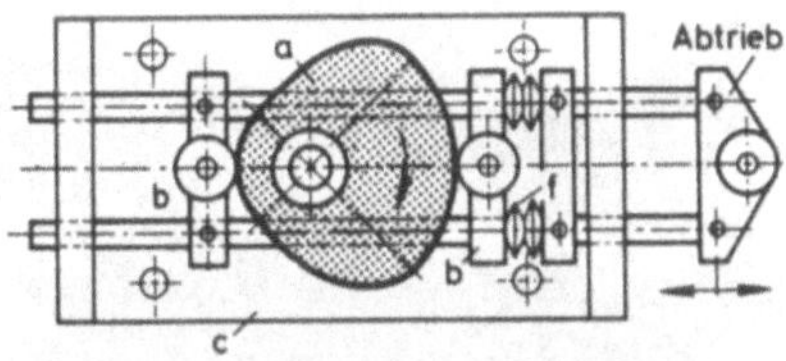

Bild 8.17. Durch die Anpressung einer Rolle mit Federn steiler Kennlinie wird das durch etwaige Herstellungsungenauigkeiten vorhandene Spiel ausgeschaltet. Erfolgt der Abtrieb über einen Schwinghebel, so kann formschlüssiger Zwanglauf auch durch Anordnung

einer zweiten Kurvenscheibe, der sogenannten Gegenscheibe, Bild 8.18, erreicht werden.

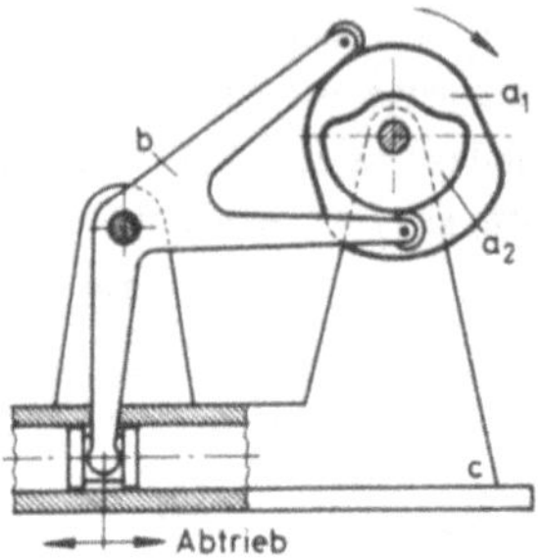

Bild 8.18: Formschlüssige Kurvengetriebe. Sicherung des Zwanglaufes durch Anordnung einer Gegenkurve.

8. 7. Wälzhebelgetriebe

Bei Wälzhebel- bzw. Rollkurvengetrieben, Bild 8.19, bestehen An- und Abtriebsglied aus Kurvenbahnen. "Echte Wälzhebelgetriebe" sind ferner dadurch charakterisiert, daß beide Glieder aufeinander abrollen. Es darf also kein Gleiten auftreten. Diese Bedingung wird von den Polbahnen der Kurbelgetriebe erfüllt. Die Kurvenflanken sind dann durch die Form der Polbahnen gegeben. Vergleiche Getriebelehre I, S. 31/33.

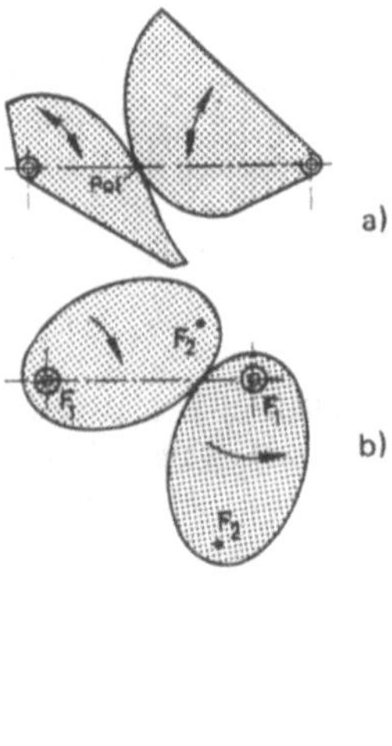

Bild 8.19: Rollkurvengetriebe („echte Wälzhebelgetriebe").
a) Wälzkurven sind Polbahnen einer Gelenkvierecks
b) Wälzkurven nach mathematischen Funktionen; hier Ellipsen.

Man kann aber auch eine Wälzbahn beliebig vorgeben und die zweite danach konstruieren, Getriebelehre I, S. 157/161.

Die dritte Möglichkeit ist, die Kurvenflanken nach mathematischen Funktionen, z. B. Ellipse, Parabel, logarithmische Spirale oder Hyperbel, auszubilden [34]. Solche Getriebe werden als Rechengetriebe im Meßgerätebau verwendet.

Werden die elliptischen Kurvenflanken dann geschlossen ausgeführt, so erhält man Rädergetriebe mit ungleichförmiger, aber mathematisch definierter Übersetzung [40], siehe Abschnitt 12.7.

8. 8. Räumliche Kurvengetriebe

Hierbei befindet sich die Kurve auf räumlich gebogenen Flächen des Kurventrägers. Die Führung des Eingriffsgliedes hat wesentlichen Einfluß auf die Form des Kurventrägers.

Bei gerade geführtem Eingriffsglied b entsteht, wenn die Schubrichtung parallel zur Drehachse verläuft, ein zylindrischer Kurventräger (Trommelkurve), Bild 8.20. Das Weg-Zeit-Diagramm entspricht dann unmittelbar der Abwicklung des Zylindermantels.

Bild 8.20: Räumliche Kurvengetriebe. Trommelkurve (zylindrischer Kurventräger) mit Schieber.

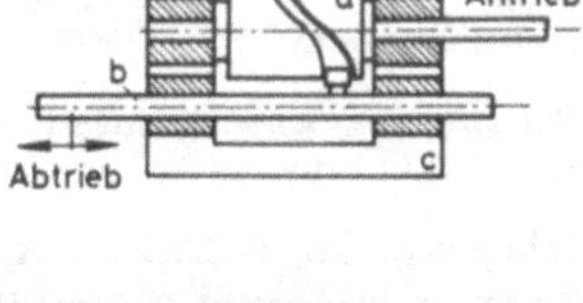

Ist der Hub klein, oder der Halbmesser des Eingriffsgliedes genügend groß (d. h. der Schwingwinkel muß klein sein) und macht man den Achsabstand gleich der Länge des Schwinghebels, so kann die zylindrische Trommelkurve auch mit Schwinghebelabtrieb ausgeführt werden. Dies zeigt Bild 8.21. Der Kulissenstein wird in Höhe der Drehachse des Kurventrägers geführt.

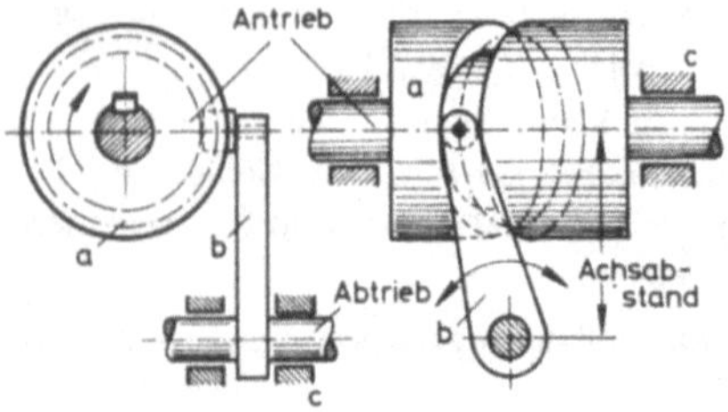

Bild 8.21: Trommelkurve mit Schwinghebel. Es gilt die Bedingung: Achsabstand = Schwinghebellänge. Nach [34].

Solche zylindrischen Trommelkurven finden im Werkzeugmaschinenbau zur Steuerung automatischer Arbeitsvorgänge Verwendung, Bild 8.22.

Bild 8.22: Verstellbare Trommelkurve für eine Werkzeugmaschinensteuerung. (Fa. H. Traub, Werkzeugmaschinenfabrik, Reichenbach).
1 Austauschbare Kurvenbahn
2 Schieber

Bei größeren Schwingwinkeln ergeben sich globoidförmige Kurventräger, Bild 8.23.

Schneiden sich die Achsen von Kurventräger und Schwinghebel, Bild 8.24, so entsteht als Grundform eine Kugel.

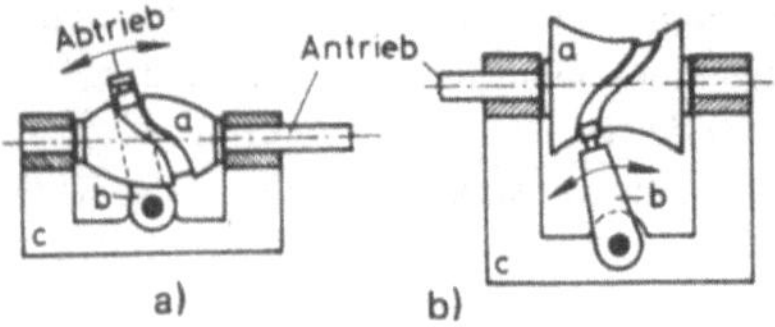

Bild 8.23: Globoidkurvenkörper. Achsabstand ≠ Schwinghebellänge
a) konvex b) konkav

Bild 8.24: Kugelkurve. Die Achsen des Kurventrägers und des Schwinghebels schneiden sich; Grenzfall des Globoids.

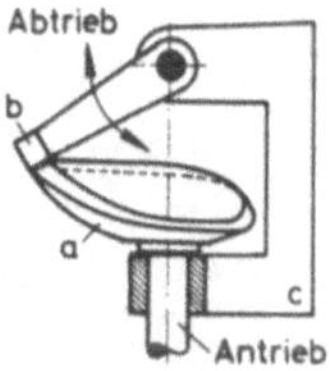

Bild 8.25 zeigt einen räumlichen Kurvenkörper wie er zur Steuerung einer Einspritzpumpe verwendet wird.

8. 9. Herstellung

Die meisten Kurvenscheiben sind leicht zu entwerfen, aber schwierig herzustellen.

Als Herstellungsverfahren kommen in Frage:
Kopierfräsen oder -drehen nach Schablonen [41]; Spritzguß; Sintern; bei hohen Stückzahlen Stanzen; Präzisionsguß.

Je höher die Geschwindigkeit der Scheiben, desto größer sind die Anforderungen an Herstellungsqualität und Oberflächengüte der Kurvenflanken.

9. Schraubgetriebe

9. 1. Grundformen

Schraubgetriebe gehören zu den einfachsten Getrieben. Die Schraubenkette besteht nur aus drei Gliedern und enthält sämtliche niederen Elementenpaare: Rundlingspaar 1, Prismenpaar 2 und Schraubenpaar 3, Bild 9.1a.

Es sind folgende sechs grundlegende Bewegungsumwandlungen möglich:

1. Drehung in Schiebung und umgekehrt, Bild 9.1a.
2. Schraubung in Schiebung und umgekehrt, Bild 9.1b.

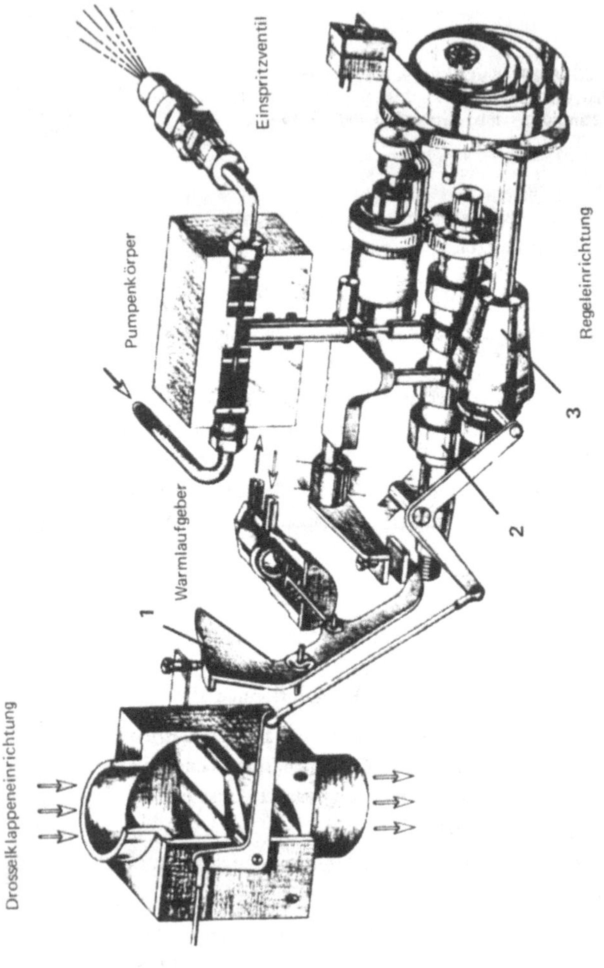
Drosselklappeneinrichtung
1
Warmlaufgeber
Pumpenkörper
Einspritzventil
2
3
Regeleinrichtung

3. Drehung in Schraubung und umgekehrt, Bild 9.1c.

Die drei Grundformen lassen sich durch kinematische Umkehr ineinander überführen, je nachdem welches der drei Glieder als Gestell ausgebildet wird. Soll innerhalb einer Grundform An- und Abtriebsglied vertauscht werden, z. B. Übergang von Schiebung/Drehung in

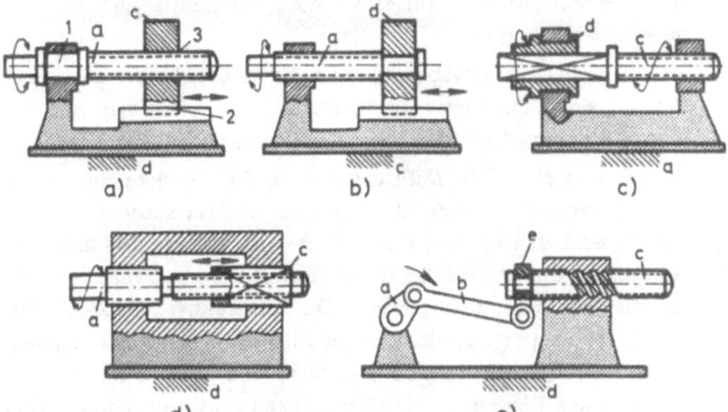

Bild 9.1: Grundformen der Schraubgetriebe. Nach [21].
Einfach-Schraubgetriebe:
a) Grundform 1, Drehung in Schiebung bzw. Schiebung in Drehung
b) Grundform 2, Schraubung in Schiebung bzw. Schiebung in Schraubung
c) Grundform 3, Drehung in Schraubung bzw. Schraubung in Drehung
d) Grundform 4, Zweifach-Schraubgetriebe
e) Grundform 5, Schraub-Kurbelgetriebe.

←

Bild 8.25: Anwendung von Kurvengetrieben in einer Einspritzpumpe. (Fa. Kugelfischer, Abt. Einspritzpumpen, München.)
1 Ebene Kurvenscheibe zur zusätzlichen Hubregulierung (bei Kaltstart) über die Regelschwinge
2 Tangenten-Nocken für Kolbenantrieb
3 räumlicher, axial und radial verstellbarer Nocken zur Hubregulierung über die Regelschwinge

Drehung/Schiebung, so ist die Schraubensteigung so zu wählen, daß keine Selbsthemmung (Abschn. 9.3.) auftritt.

Ersetzt man das Rundlingspaar (Drehgelenk) oder das Prismenpaar (Schubgelenk) durch ein zweites Schraubenpaar, so erhält man ein

Zweifach-Schraubgetriebe, Bild 9.1d. Andere Bezeichnungen für diese Getriebeart sind Differenz- oder Differentialgewinde, aber auch Zwieselschraube.

Ersetzt man das Schiebepaar einer Geradschubkurbel durch ein Schraubenpaar mit steiler Gewindesteigung, so erhält man eine Abart des Schraubgetriebes, das Schraubkurbelgetriebe, Bild 9.1e.

Wegen ihres einfachen Aufbaues aus nur drei Gliedern eignen sich die Schraubgetriebe besser als andere Getriebe zur Einführung in die Arbeitsmethoden der Getriebesynthese und -analyse. Die durch kinematische Umkehr möglichen Formen sind eng begrenzt. Sie werden vielfach praktisch angewandt. Die konstruktiven Möglichkeiten zur Ausbildung der Glieder und zur Kombination der Paarungsstellen lassen sich systematisch darstellen, Bild 9.2. Man kann sich schnell einen Überblick über die möglichen konstruktiven Lösungen verschaffen.

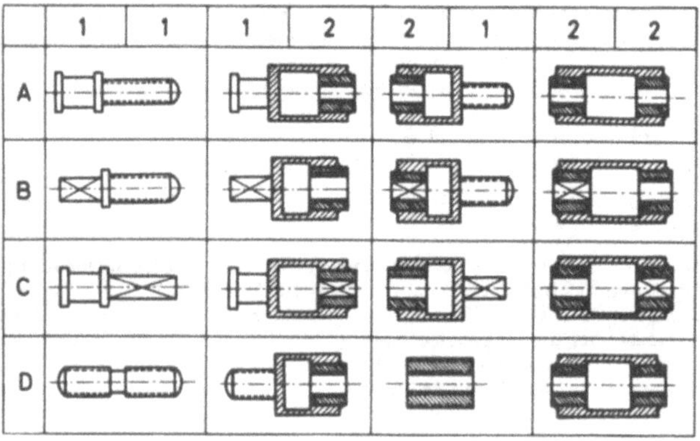

9. 2. Hauptanwendungsgebiete

Zu den Hauptanwendungsgebieten der Schraubgetriebe gehören:

1. Die Umsetzung von Drehung in Schiebung, beispielsweise beim Schraubstock und beim Reitstock, Bilder 9.3 und 9.4. Ferner die Umformung von Schiebung in Drehung wie beim Drillbohrer in Bild 9.4.
2. Die Kraftübersetzung zur Erzeugung großer Längskräfte durch

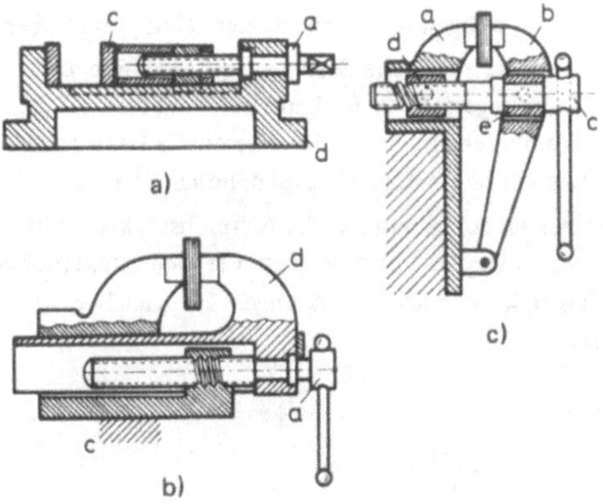

Bild 9.3: Anwendung der Schraubgetriebe beim Schraubstock. Variation der Grundform und damit der konstruktiven Lösung. Nach (21).
a) Maschinenschraubstock; Grundform 1, Drehung in Schiebung.
b) Parallelschraubstock; Grundform 2, Schraubung in Schiebung.
c) Schmiedeschraubstock; Grundform 5, Schraub-Kurbelgetriebe.

←

Bild 9.2: Schema der Ausbildung und der Kombination der einzelnen Glieder der Schraubengetriebe.
Glied besteht aus: A Dreh- und Schraubelement
B Schiebe- und Schraubelement
C Dreh- und Schiebeelement
D zwei Schraubelementen
Element ausgeführt als: 1 Vollelement
2 Hohlelement

kleine Umfangskräfte, z. B. die Spindelpresse in Bild 9.5.

3. Die Wegübersetzung zur Erzeugung kleiner Längsbewegungen durch große Drehbewegungen, wie beim Mikrometer. Dies kann entweder durch ein Feingewinde oder durch ein Zweifach-Schraubgetriebe mit zwei gröberen Gewinden erreicht werden.

Neben diesem vielseitigen Anwendungsgebiet haben die Schraubgetriebe den Vorteil der Verwendung von niederen Elementenpaaren. Das führt zu günstigen Beanspruchungsverhältnissen und zu einfachen und damit billigen und genauen Herstellungsmethoden.

Als Nachteil ist die hohe Reibung im Gewinde und damit der schlechte Wirkungsgrad anzusehen. Im Vergleich zu den anderen niederen Elementenpaaren ist der Verschleiß beim Schraubenpaar, insbesondere bei Bewegungsschrauben, höher.

Das erste Anwendungsbeispiel, der Schraubstock in Bild 9.3, zeigt, wie drei verschiedene Grundformen des Schraubgetriebes zu drei verschiedenen konstruktiven Lösungen bei gleicher Aufgabenstellung führen.

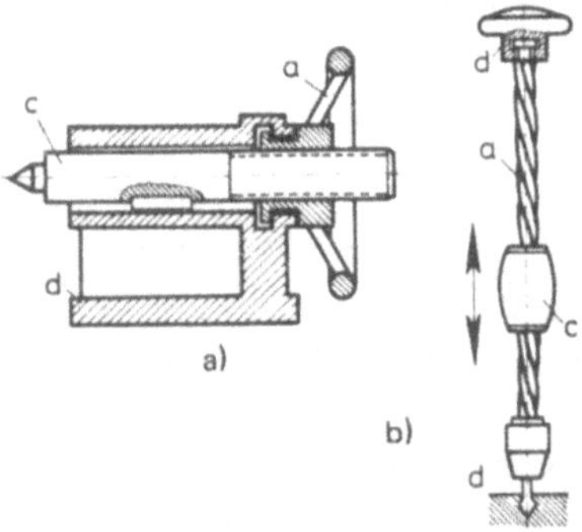

Bild 9.4: Umwandlung von Drehung in Schiebung und umgekehrt. Nach [21].
a) Reitstock
b) Drillbohrer

Der Reitstock in Bild 9.4a entspricht der Grundform 1 in Bild 9.1a. Eine Drehbewegung wird in eine Schiebung umgewandelt. Das Prismenpaar wurde durch einen Zylinder c ersetzt, der durch Nut und Paßfelder gerade geführt wird.

Werden An- und Abtriebsglied vertauscht und wird das Schraubenpaar mit einem Steilgewinde ausgeführt, so kann jetzt Schiebung in Drehung verwandelt werden. Die Drehung der Spindel a beim Drillbohrer in Bild 9.4b wird durch eine hin- und hergehende Schubbewegung der Mutter c erreicht.

Als Beispiel für eine Kraftübersetzung zeigt Bild 9.5 eine Spindelpresse. Ihr Aufbau entspricht der Grundform 2. Antriebsbewegung ist eine Schraubung, Abtriebsbewegung eine Schiebung. Bei den in Bild 9.5 angegebenen Abmessungen ist eine Kraftübersetzung von ca. 1 : 100 möglich.

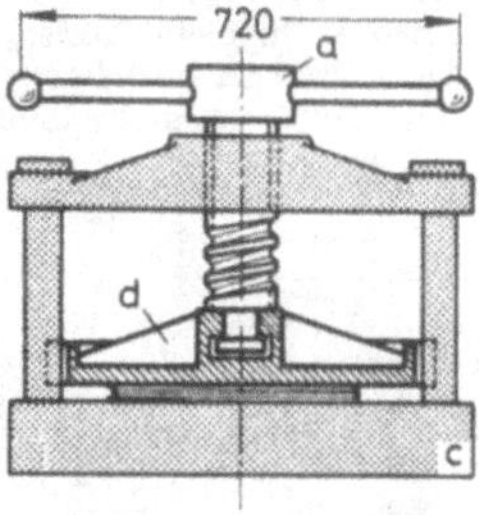

Bild 9.5: Kraftübersetzung durch ein Schraubgetriebe. Spindelpresse. Nach [21]. Trapezgewinde TR 40 x 12, grob; Steigung 12 mm; Reibwert im Gewinde $\mu = 0,1$.

Schraubgetriebe werden auch in großem Umfang als Feinstellgetriebe zur Wegübersetzung in Meßvorrichtungen und optischen Geräten verwendet.

Die Schneide einer Waage in Bild 9.6a kann über die Keilkette d, c und e und das Schraubgetriebe a in ihrer Höhenlage feinfühlig verstellt werden.

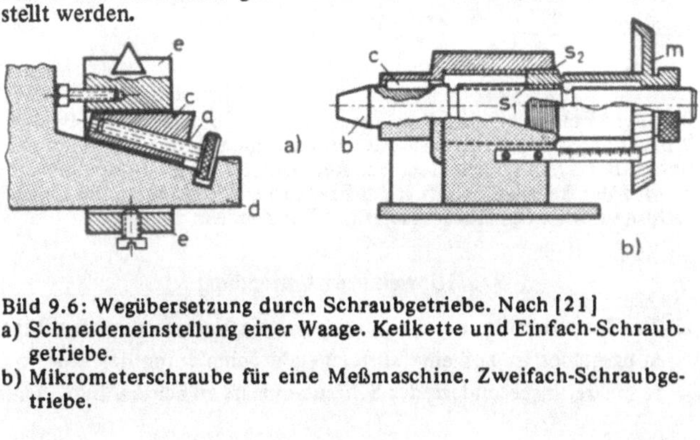

Bild 9.6: Wegübersetzung durch Schraubgetriebe. Nach [21]

a) Schneideneinstellung einer Waage. Keilkette und Einfach-Schraubgetriebe.
b) Mikrometerschraube für eine Meßmaschine. Zweifach-Schraubgetriebe.

Bei der Mikrometerschraube in Bild 9.6b findet ein Zweifach-Schraubgetriebe mit den beiden Schraubenpaaren s_1 und s_2 Anwendung. Durch Drehung der Mikrometertrommel m verschiebt sich die Meßpinole b. Sie ist gegen Verdrehung durch Nut und Paßfeder c gesichert. Das Außengewinde s_1 der Pinole b hat 1,0 mm, das Innengewinde s_2 1,1 mm Steigung. Eine Umdrehung der Trommel entspricht also 1/10 mm Vorschub der Pinole.

Die Anwendung eines Zweifach-Schraubgetriebes als Bewegungsschraube zeigt Bild 9.7a. Die Teleskopspindel dient zum Auf- und Abwärtsbewegen eines Werkzeugmaschinentisches. Das angetriebene Glied a trägt ein Außen- und ein Innengewinde mit meistens gleichen aber gegenläufigen Steigungen. Die Führung c des Tisches ist gleichzeitig das dritte Glied der Schraubenkette.

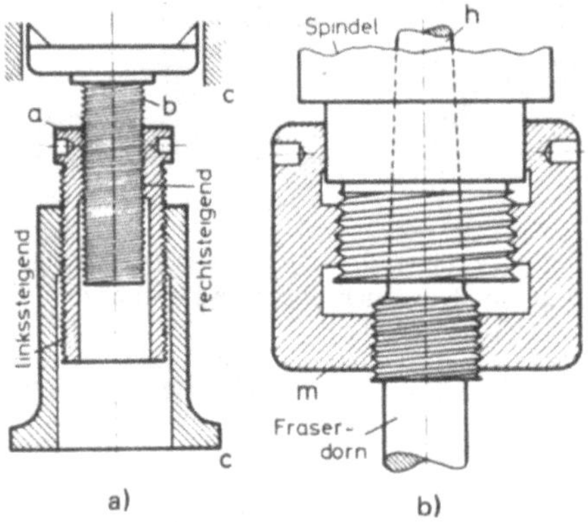

Bild 9.7: Anwendungen von Zweifach-Schraubgetrieben.
a) Teleskopspindel. Differenzgewinde als Bewegungsschraube.
b) Fräsdornbefestigung mit Differenzgewinde.

Bei der Fräsdornbefestigung nach Bild 9.7b haben die beiden Schraubenpaare gleichläufige Steigungen, die sich nur um einen geringen Betrag unterscheiden. Bei Rechtsdrehung der Doppelmutter m wird der kegelige Schaft h des Fräsdornes festgezogen, bei Linksdrehung gelöst. Der Kegel ersetzt das Prismenpaar.

9. 3. Hinweise zur Anwendung

1. Zur Herabsetzung der Reibung bzw. zur Verbesserung des Wirkungsgrades ist auf eine ausreichende Schmierung der Elementenpaare, insbesondere der Schraubenpaare zu achten. Evtl. Her-

absetzung der Reibung durch Verwendung von Gleit- statt Wälzlagern in den Drehgelenken.

2. Bei Getrieben mit Kraftübersetzung ist die Aufnahme der Schraubenlängskraft P durch ein Wälzlager zweckmäßig.
Die Größe der Kraftübersetzung ist durch die Gleichung

$$P/U = 1/\mathrm{tg}\,(\alpha + \rho) \cdot d_H/d_2 \qquad (9.1)$$

gegeben. Darin bedeuten: U = Umfangskraft; α = Steigungswinkel des Gewindes; ρ = Reibungswinkel (tg ρ = Reibwert μ); d_H = Durchmesser des Anzugmittels (z. B. Handrad, Schraubenschlüssel); d_2 = mittlerer Gewindedurchmesser. Der Reibwert μ im Gewinde kann annähernd mit 0,1 angenommen werden.

3. Bei größeren Abmessungen und bei Bewegungsschrauben wird vorwiegend ein Trapezgewinde nach DIN 103, 378 oder 379 verwendet.
Sonst metrisches Gewinde (DIN 13) und für Feinstellgetriebe vielfach metrisches Feingewinde (DIN 244–247 und 516–521).

4. Bei der Bewegungsumformung Schiebung in Drehung oder Schraubung darf keine Selbsthemmung auftreten. Es gilt die Bedingung:

$$\mathrm{tg}\,\alpha > \mu > 0{,}1 \qquad (9.2)$$
$$\alpha > \rho > 5{,}67^\circ$$

Der Steigungswinkel α des Gewindes muß also größer als der Reibungswinkel ρ sein. Da der Wirkungsgrad bis zu $\alpha = 30^\circ$ mit zunehmendem Steigungswinkel α ansteigt, führt man α meistens gleich oder größer 30° aus.

5. Die Größe der Schubbewegung h für eine Umdrehung der Mutter bei Zweifach-Schraubgetrieben ergibt sich aus der Gleichung:

$$h = h_1 + h_2 \quad \text{(Steigungen gegenläufig)} \qquad (9.3)$$
$$h = h_1 - h_2 \quad \text{(Steigungen gleichläufig)}$$

Mit h_1 und h_2 als Steigungen der beiden Schraubenpaare.

6. Bei Schrauben für Meßzwecke muß in der Regel das Spiel zwischen Schraube und Mutter – der tote Gang – verringert, oder ganz beseitigt werden. Bild 9.8 zeigt drei Lösungsmöglichkeiten dafür.

Schrifttum zu Schraubengetrieben: [25, 42, 43, 44 und 45].

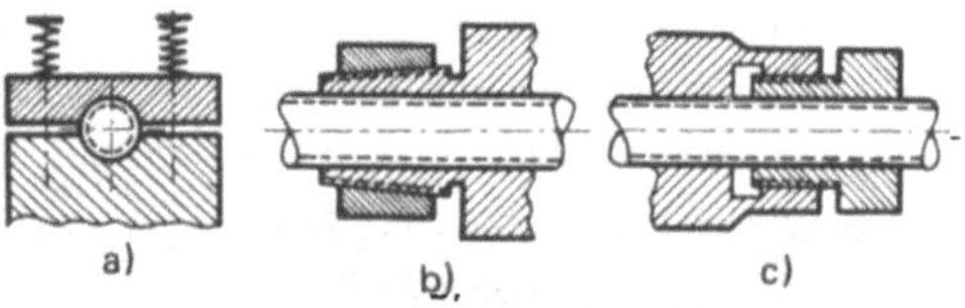

Bild 9.8: Möglichkeiten zur Beseitigung des Spiels zwischen Schraube und Mutter bei Schraubgetrieben.
Für radiales Spannen: a) Mutter geteilt b) geschlitzter Kegelgewinde-Ansatz.
Für axiales Spannen: c) Differenzgewinde.

10. Sperrgetriebe

Aufgabe der Sperrgetriebe ist es, eine auf das Getriebe wirkende Kraft zeitweilig aufzuhalten, dann aber freizugeben oder zu überwinden.

Bei den Sperrgetrieben unterscheidet man:

1. Gesperre, z. B. in Kupplungen, Freiläufen oder Bremsen.
2. Schaltwerke, z. B. bei Vorschubantrieben für Werkzeugmaschinen, in Rechenmaschinen, Zählern oder Filmkameras.
3. Hemmwerke, z. B. in Uhren.
4. Spannwerke, z. B. als Kameraauslösung oder Gewehrschloß.
5. Sprungwerke, z. B. in elektrischen Schaltern.

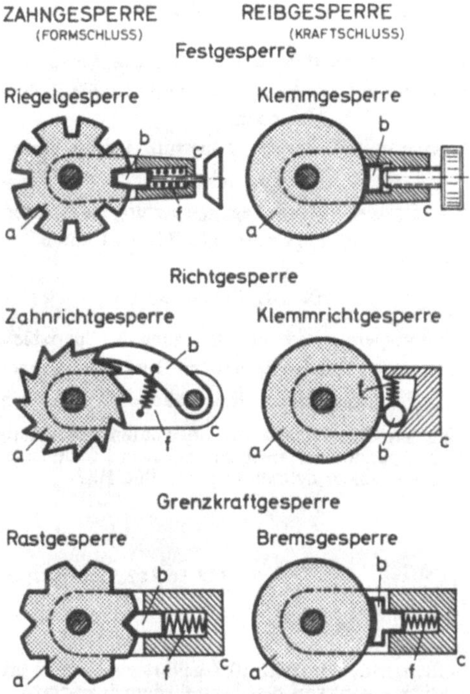

Bild 10.1: Grundformen der Gesperre. Nach [46]
a Sperrstück, b Sperrglied, c Gestell, f Feder.

10. 1. Gesperre

Wesentliches Merkmal aller Sperrgetriebe ist das Gesperre, Bild 10.1. Es besteht aus einem Sperrstück a, dem Sperrglied b und dem Gestell c. Nach der Art der Sperrung unterscheidet man:

1. Formschlüssige Gesperre, Bild 10.1 links.

2. Kraftschlüssige Gesperre, Bild 10.1 rechts.

Nach der Vollständigkeit der Sperrung unterteilt man in:

1. Festgesperre mit Bewegungssperrung in beiden Richtungen, Bild 10.1 oben.
2. Richtgesperre mit Bewegungssperrung in nur einer Richtung, Bild 10.1 Mitte.
3. Grenzkraftgesperre mit Bewegungssperrung bis zu einer bestimmten Grenzkraft, Bild 10.1 unten.

10. 1. 1. Festgesperre

Bei den Festgesperren wird die Bewegung des Sperrstückes a nach beiden Richtungen vollständig gesperrt. Riegelsperre arbeiten dabei mit Form-, Klemmgesperre mit Reibschluß, Bild 10.1 oben.

Bildet man am Sperrstück a die Sperrnuten kreisförmig und die Klinke b als Zylinderausschnitt mit gleichem Durchmesser d aus, so spricht man von einem Zylindergesperre, Bild 10.2.

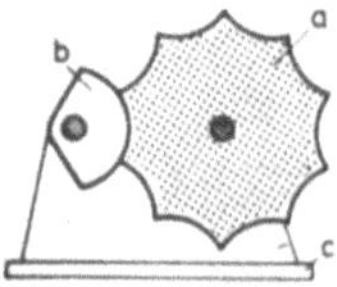

Bild 10.2: Zylindergesperre.

Das Sicherheitsschloß in Bild 10.3 gehört zu den Riegelgesperren. Das Sperrstück a wird von den Sperrgliedern b gesperrt. Die Sperr-

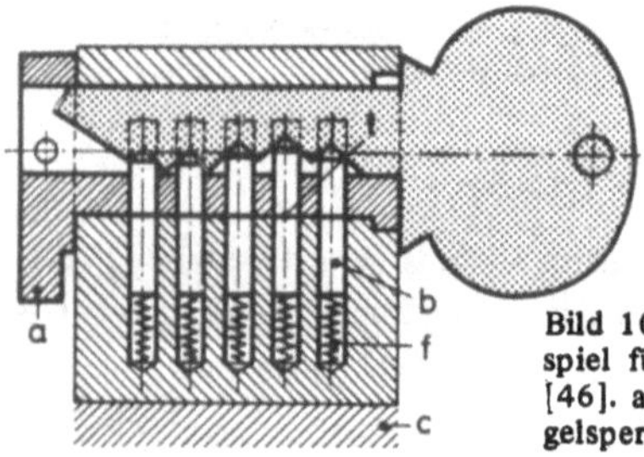

Bild 10.3: Zylinderschloß als Beispiel für ein Riegelgesperre. Nach [46]. a Sperrstück, b geteilte Riegelsperrer, t Teilstellen.

stifte b bestehen aus zwei Teilen. Der untere Teil ist bei allen Gliedern gleich lang, der obere ist unterschiedlich lang. Durch den Schlüssel werden die Stifte b so eingestellt, daß die Teilstellen t der Sperrstifte mit dem Außenmantel des zylindrischen Sperrstückes a zusammenfallen. Glied a kann nun gedreht werden.

Zu den Klemmgesperren zählt man z. B. die Exzenterklemme in Bild 10.4, aber auch die Reibkupplungen. Bild 10.5 zeigt als Beispiel eine Lamellenkupplung.

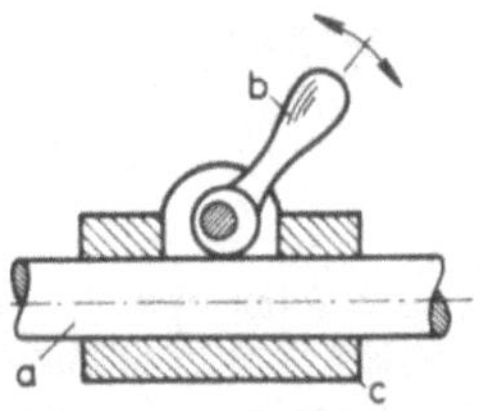

Bild 10.4: Klemmgesperre. Exzenterklemme. Nach [46]. b exzentrisch gelagertes Sperrglied.

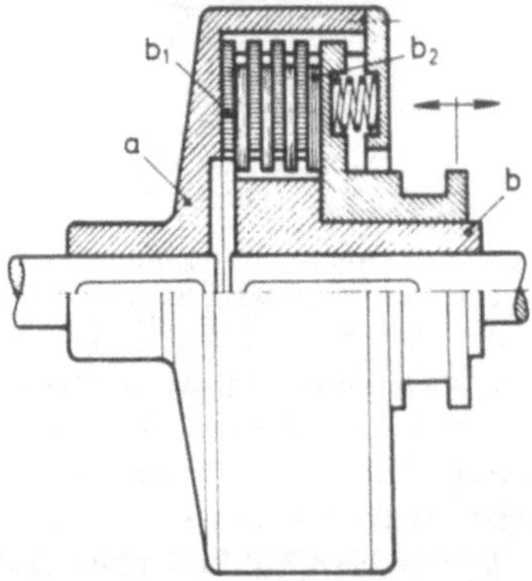

Bild 10.5: Lamellenkupplung als Beispiel für ein Klemmgesperre. a innenverzahntes Sperrstück mit außenverzahnten Lamellen b_1 (Abtrieb), b außenverzahntes Sperrglied mit außenverzahnten Lamellen b_2 (Antrieb).

10. 1. 2. Richtgesperre

Sie zeichnen sich dadurch aus, daß die Bewegung nur in einer Richtung entweder form- oder kraftschlüssig gesperrt wird, Bild 10.1 Mitte.

Typischer Vertreter der *formschlüssigen Richtgesperre* ist das Zahn- oder Klinkengesperre in Bild 10.6. Dieses Zahnrichtgesperre findet bei Hebezeugen vielfach Verwendung. Ausgeführt wird es mit außen- oder innenverzahntem Sperrad a. Die Sperrung erfolgt entweder mit einer auf Druck beanspruchten Klinke wie in Bild 10.6, oder mit einem auf Zug beanspruchten Sperrhaken. Die Klinke muß auch

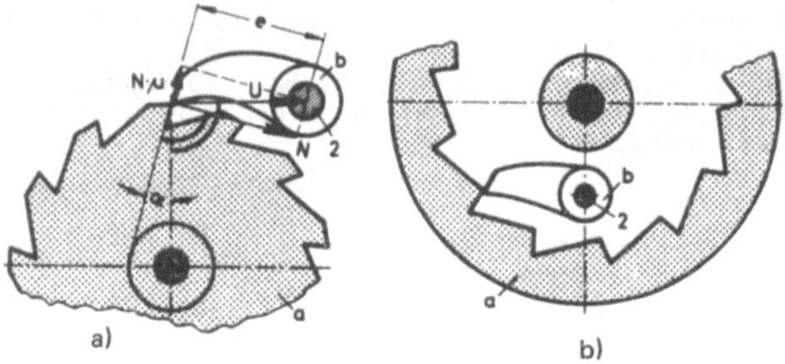

Bild 10.6: Klinken- oder Zahnrichtgesperre.
a) Sperrad mit Außenverzahnung b) mit Innenverzahnung

dann in die Verzahnung des Sperrades hineingezogen werden, wenn sie zunächst nur an einer Zahnspitze gefaßt hat. Dies wird dadurch erreicht, daß das Drehmoment aus der Reibungskraft um den Klinkendrehpunkt 2 kleiner als das Drehmoment aus der Normalkraft ist. Entsprechend Bild 10.6a gelten die Beziehungen:

$$N \cdot \mu \cdot e < N \cdot e \cdot \operatorname{tg} \alpha; \quad \operatorname{tg} \alpha > \mu; \qquad (10.1)$$
$$\mu \approx 0{,}3; \quad \alpha \approx 17^{\circ};$$

Die Kräfte auf die Klinke sind bei der Außenverzahnung am niedrigsten, wenn der Klinkendrehpunkt 2 in die Richtung der Umfangskraft U gelegt wird. Um das Ratschen der Klinke zu vermeiden, bildet man auch "stumme Gesperre" aus [46]. Durch einen auf der Nabe des Sperrades schleifenden Steuerarm wird die Klinke bei Drehung des Rades angehoben.

Ein Sonderfall des formschlüssigen Richtgesperres ist das Stabgesperre in Bild 10.7a. Der Radius des Sperrades ist unendlich groß geworden. Weitere Abwandlungen entstehen, wenn die Achsen von Sperrad und Sperrglied nicht mehr parallel angeordnet sind. Bei gekreuzten Achsen entstehen Kronengesperre [46], bei fluchtenden Achsen bzw. Wellen die Klauenkupplung, Bild 10.7b.

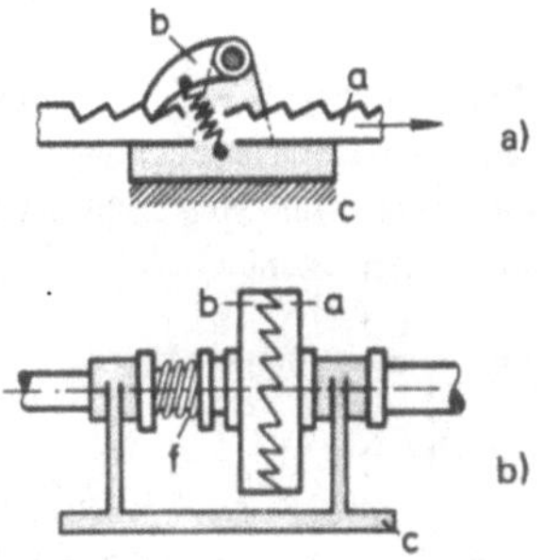

Bild 10.7: Zahnrichtgesperre
a) Stabgesperre
b) Klauenkupplung

Die *Klemmrichtgesperre sind kraftschlüssig,* Bild 10.1. Sie haben den Vorteil des geräuscharmen Laufes und des stoßfreien Eingriffs. Durch die Verwendung höherer Elementenpaare mit Linien- oder Punktberührung entstehen andererseits höhere Beanspruchungen zwischen Sperrstück und Sperrglied.

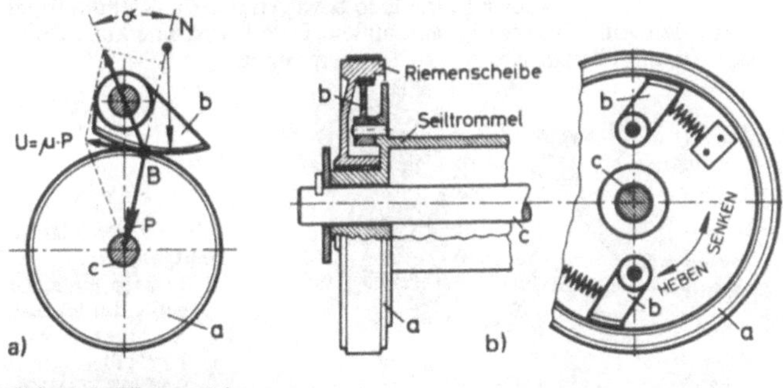

Bild 10.8: Klemmrichtgesperre.
a) Daumenrichtgesperre b) mit Hohlrad zur Sperrung einer Seiltrommel

Beim Daumenrichtgesperre, Bild 10.8, soll der Krümmungsmittelpunkt des Daumenprofils b auf der Normalen N im Berührungspunkt B zwischen Radumfang und Daumen liegen. Für Selbsthemmung gilt:

$$\operatorname{tg} \alpha < \mu; \tag{10.2}$$

Daumenrichtgesperre mit Hohlrand, Bild 10.8b, werden wegen ihrer günstigeren Beanspruchung (konkav-konvexe Berührung) häufiger verwendet. Bild 10.9 zeigt ein Stabrichtgesperre mit beiderseits angreifenden Daumen.

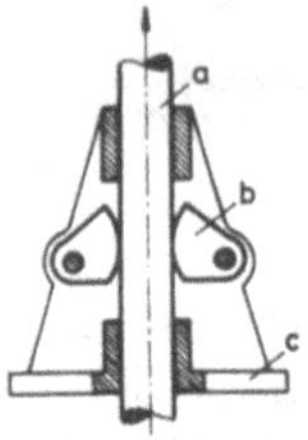

Bild 10.9: Klemmrichtgesperre. Stabrichtgesperre mit beidseitig angreifenden Daumen. Nach [46]

Vielfältige praktische Anwendung finden die Klemmrichtgesperre in ihrer Ausführung als Walzen- oder Kugelrichtgesperre in *Freiläufen*, Bild 10.10, [47, 48]. Wird bei dem Klemmrollenfreilauf mit Innenstern die Antriebswelle a gedreht, so bewegen sich die Klemmkörper b auf den Anlaufkurven k nach außen. Damit wird eine kraftschlüssige Verbindung zur Antriebswelle c hergestellt.

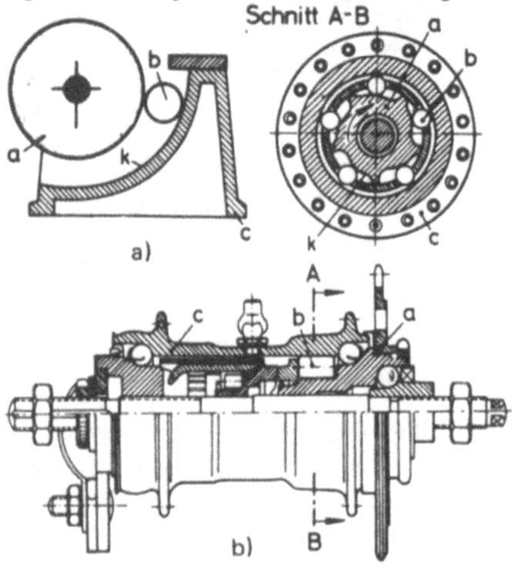

Bild 10.10: Klemmrichtgesperre.
a) Prinzip eines Kugel- oder Walzen-Richtgesperres
b) FICHTEL und SACHS TORPEDO-Freilaufnabe als Beispiel für Walzenrichtgesperre.

10. 1. 3. Grenzkraftgesperre

Sie zeichnen sich dadurch aus, daß die Sperrung nur bis zu einer oder erst ab einer bestimmten Grenzkraft wirksam ist.

Formschlüssige Grenzkraftgesperre bezeichnet man als *Rastgesperre*, Bild 10.11. Zur Aufhebung der Sperrung in Bild 10.11b muß am Rastrad a ein Moment angreifen, das über dem Sperrmoment M_S liegt, Bild 10.11c. Das bis zum Erreichen der nächsten Sperrnut aufzubringende Bewegungsmoment M_B wird nur von der Reibung zwischen Sperrglied b und Rastrad a bestimmt. Kommt das Rad a in den Rastbereich der Sperrnut, so sinkt M_B auf das Rastmoment M_R

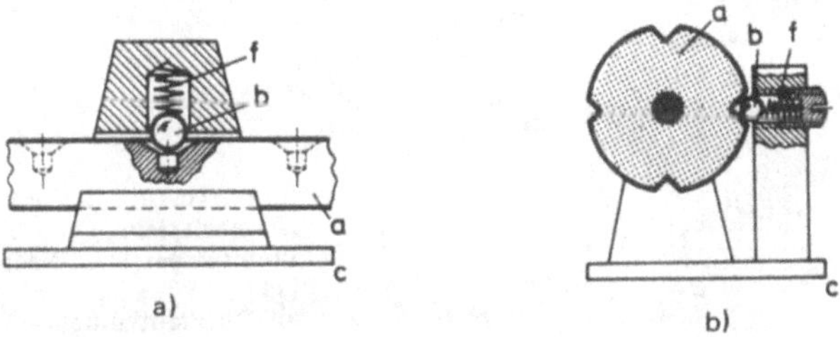

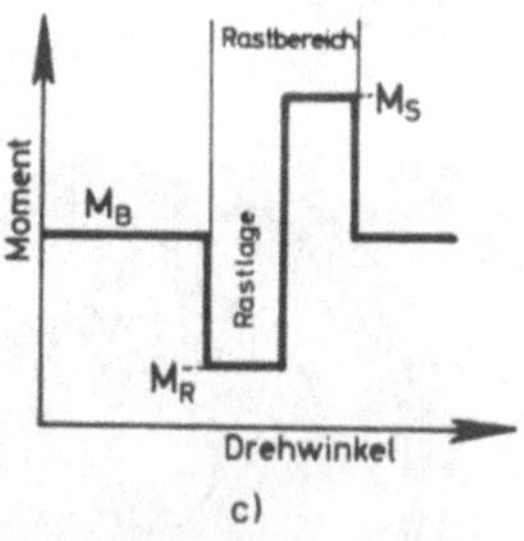

Bild 10.11: Formschlüssige Grenzkraftgesperre (Rastgesperre). Nach [21].
a) Stabrastgesperre
b) Zylinder-Rastgesperre
c) Verlauf des Schaltmomentes als Funktion des Drehwinkels für das Zylinder-Rastgesperre.

ab. Die Größe des Rastmomentes hängt von der Ausbildung der Sperrnut und des Sperrstückes ab (in Bild 10.11b Keilform und Kugel). Das Rastmoment kann sogar negativ werden, d. h. Rad a rastet selbsttätig ohne weitere äußere Kraftaufwendung ein.

Kraftschlüssig arbeitende Grenzkraftgesperre werden als *Bremsgesperre* bezeichnet, Bild 10.12.

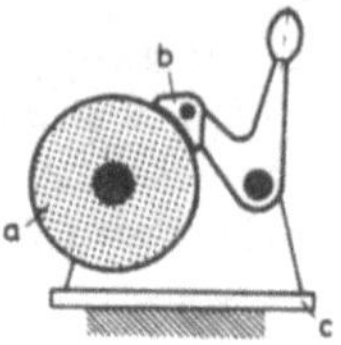

Bild 10.12: Kraftschlüssiges Grenzkraftgesperre. Bremsgesperre.

Bild 10.13 zeigt Ausführungsbeispiele für Bremsen aus dem Kraftfahrzeug- und Hebezeugbau.

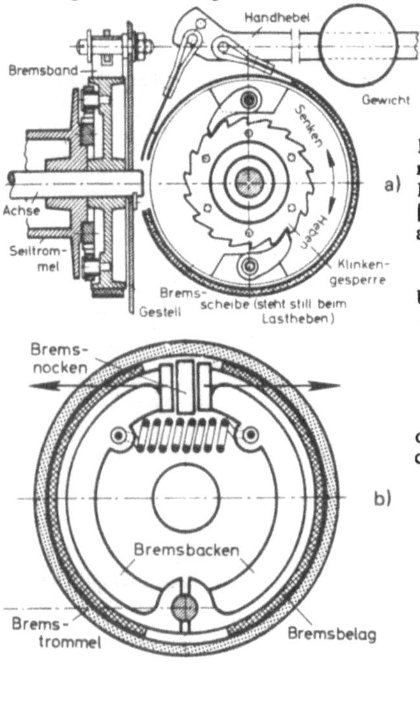

Bild 10.13: Ausführungsbeispiele für Bremsgesperre. Nach [11].
a) Differential-Bandbremse mit Servowirkung
b) Innenbackenbremse mit symmetrischer Backenanordnung (ungleiche Bremswirkung der beiden Backen!)

oben rechts:
c) Backenbremse mit Drehbacken (gleiche Bremswirkung der beiden Backen!).

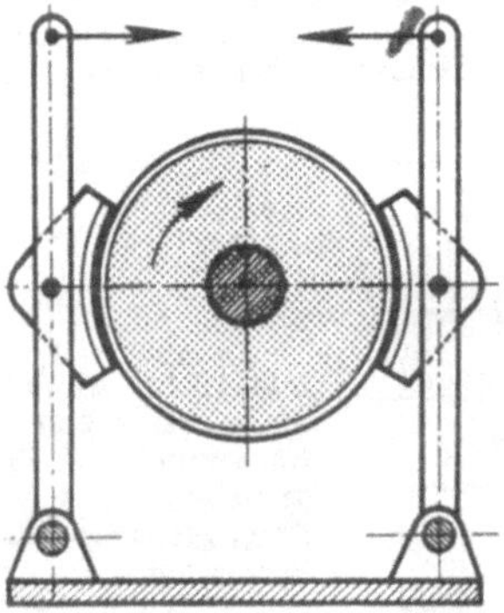

Die Sicherheits-Rutschkupplung nach Bild 10.14 rutscht durch, sobald das Drehmoment das durch die Feder einstellbare Haftreibmoment überschreitet.

Bild 10.14: Sicherheits-Rutschkupplung als Beispiel für ein kraftschlüssiges Grenzkraftgesperre.

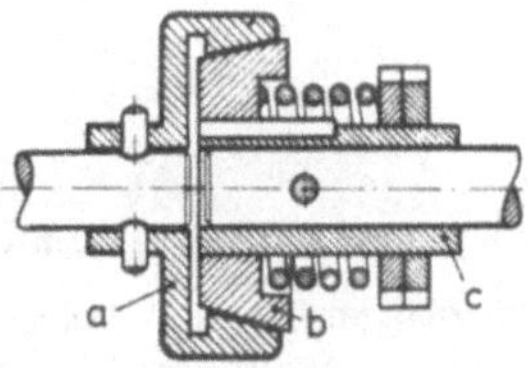

Ein gutes Beispiel für die praktische Anwendung der Gesperre ist die einfache Synchronisationseinrichtung für ein Zahnradschaltgetriebe in Bild 10.15. Die Kraftübertragung auf die Abtriebswelle 2 soll über das axiale Riegelgesperre, bestehend aus den Gliedern a, b und c erfolgen. Ein Durchschalten soll erst bei Gleichlauf zwischen An- und Abtriebswelle möglich sein. Die Schaltkraft P sei zu Beginn des Schaltvorganges kleiner als die Sperrkraft des radialen Rastgesperres, das aus den Gliedern b, d und c besteht. Die Schaltmuffe b kann also noch nicht in die Klauen des Gliedes e eingreifen. Zunächst kommt das auf der Abtriebswelle 2 verschiebbare Glied c über das Reibgesperre, das aus dem kegeligen Ansatz an den Gliedern c und e besteht, mit dem auf der Abtriebswelle 2 befestigten Zahnrad (Glied e) in Berührung. Glied e wird also von Glied c beschleunigt. Ist der

Gleichlauf erreicht, so wird durch Erhöhung der Schaltkraft das Rastgesperre ausgelöst. Ein geräuschloses Einschieben der Schaltmuffe b in die Schaltklauen an Zahnrad e (Riegelgesperre) ist nun möglich.

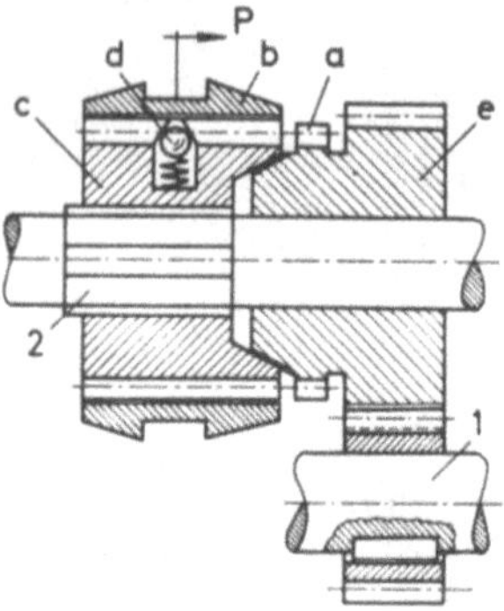

Bild 10.15: Anwendung von Gesperren in einer einfachen Synchronisationseinrichtung für Zahnrad-Schaltgetriebe.
Riegelgesperre: Glieder a, b und c.
Formschlüssiges Grenzkraftgesperre: Glieder b, d und c.
Reibgesperre: Glieder c und e.

10. 1. 4. Hinweise zur Auslegung

Ordnungsgemäße Funktion der Gesperre setzt eine der Belastung entsprechende Auslegung voraus [11]. Bei Gesperrezähnen ist die Biegespannung am Zahnfuß, sowie die Flächenpressung für den ungünstigen Kanteneingriff nachzurechnen. Die Bolzen der Klinkenlagerung sind auf Biegung und Flächenpressung beansprucht. Bei den kraftschlüssigen Gesperren ist die Flächen- oder Hertzsche Pressung an den Berührungsstellen von Sperrstück und Sperrglied zu überprüfen, um plastische Verformung oder zu hohen Verschleiß zu vermeiden. Die Anpreßkraft muß so hoch gewählt werden, daß auch beim kleinstmöglichen Reibwert sichere Sperrung erfolgt. Bei häufig betätigten Kupplungen und Bremsen darf die Erwärmung nicht zu hoch werden.

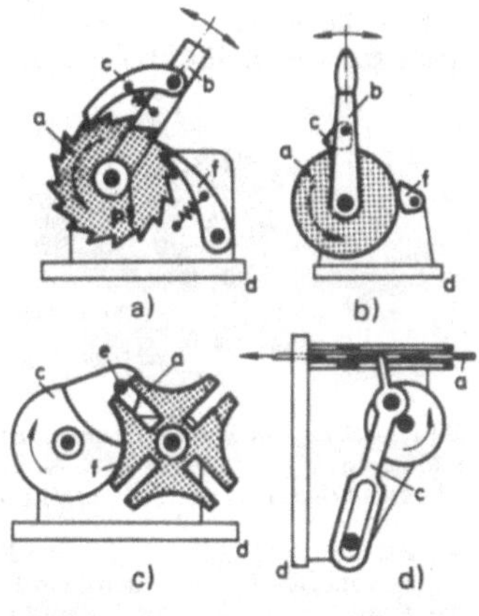

Bild 10.16: Grundformen der Schaltwerke. Nach [21].
a) Formschlüssiges Klinkenschaltwerk.
b) kraftschlüssiges Schaltwerk mit Klemmrichtgesperre
c) Räder- (Malteserkreuz-) Schaltwerk
d) Greiferschaltwerk mit schwingender Kurbelschleife
a Schaltstück, b Schaltglied mit Schaltklinke c, d Gestell, e Triebstock, f Sperrglied.

10. 2. Schaltwerke

Bei einem Schaltwerk, Bild 10.16, wird das Schaltstück oder Schaltrad a vom Schaltglied b schrittweise bewegt und gegen Rückdrehung durch ein Sperrglied f gesichert. Die Abtriebsbewegung kann entweder eine Drehung oder eine Verschiebung sein. Die Schrittbewegung ist der in den Stillständen gesperrten Kraft entgegengesetzt, Bild 10.16a.

Man unterscheidet nach Bild 10.16:

1. Klinkenschaltwerke
2. Räderschaltwerke
3. Greiferschaltwerke

10. 2. 1. Klinkenschaltwerke

Sie sind gekennzeichnet durch eine hin- und hergehende Antriebsbewegung der auf dem Schaltglied b angeordneten Schaltklinke c, ferner durch ein Zahn- oder Klemmrichtgesperre f, das das Schaltrad a gegen Rückwärtsdrehung sichert, Bild 10.16a und b.

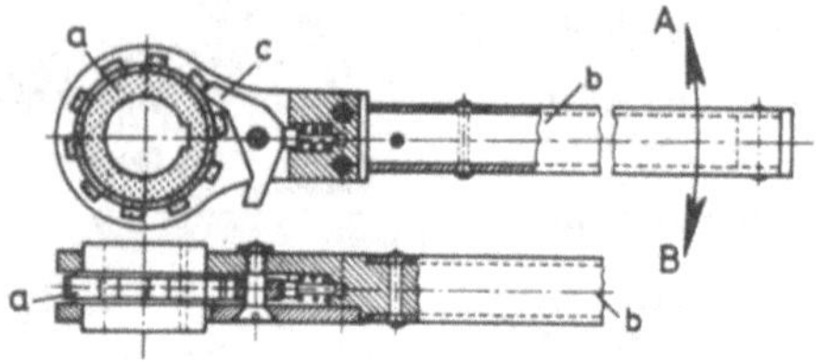

Bild 10.17: Klinkenschaltwerk. Ratsche zum Anziehen von Steckschlüsseln.
a Sperrad (Schaltstück), c Schaltklinke mit Handhebel b (Schaltglied).

Als Beispiel zeigt Bild 10.17 eine Ratsche zum Anziehen von Steckschlüsseln. Bewegt man den Handhebel b in Richtung A, so nimmt die Klinke c das Schaltrad a und damit den Steckschlüssel mit. Bei Bewegung in Richtung B rutscht die Klinke über das Schaltrad. Die Reibung zwischen Schraube und Mutter wirkt sperrend gegen ein Zurückdrehen des Schaltrades.

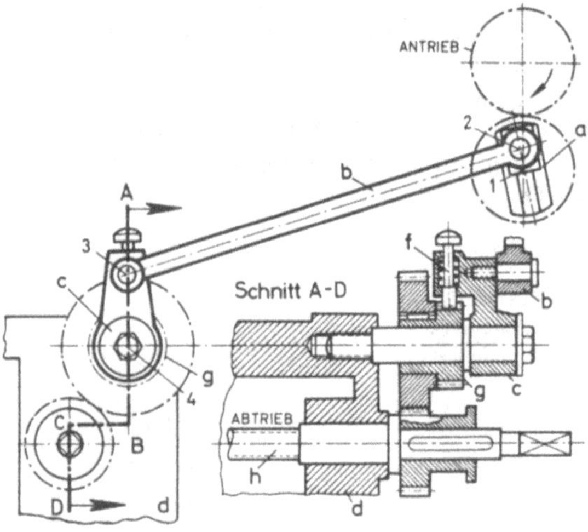

Ein weiteres typisches Anwendungsbeispiel ist das in Bild 10.18 dargestellte Vorschubgetriebe für eine Stoßmaschine. Das Schaltglied c ist zugleich das Abtriebsglied einer Kurbelschwinge mit den Gelenkpunkten 1, 2, 3 und 4, sowie der Koppel b und dem Antriebsglied a. Über die Ratsche f und das Sperrad g wird die Abtriebsspindel h und damit der Tisch der Stoßmaschine bewegt.

10. 2. 2. Räderschaltwerke

Sie sind gekennzeichnet durch eine umlaufende Bewegung des Schaltgliedes c, Bild 10.19 und Bild 10.22. Im Vergleich zu Klinkenschaltwerken lassen sich damit größere Schaltschritte erreichen. Außerdem kann die Schaltrichtung einfach durch Umkehr der Antriebsbewegung des Treibers (Schaltglied c) geändert werden. Diese beiderseitige Wirksamkeit erfordert Festgesperre, beispielsweise ein Zylindergesperre nach Bild 10.2, zur Sicherung des Stillstandes des Schaltrades in den Schaltpausen.

Das *Malteserkreuz-Getriebe,* Bild 10.19 kann man sich getrieblich aus der schwingenden Kurbelschleife (Tab. 6.2) entstanden denken. Es besteht aus dem Treiber c auf dem auch der Triebstock e befestigt ist, ferner aus dem Schaltrad (Schaltstern oder Kreuz) a. Die Sperrung erfolgt durch das Zylindergesperre f. Die Nuten des Schaltsternes verlaufen bei den meisten Ausführungen radial. Ihre Mindestanzahl ist drei. Für einen stoßfreien Gang ist ein tangentialer Eintritt des Triebstockes e in die Nuten wichtig. D. h. der Winkel CEA = 90° bei Eingriffsbeginn. Mit dieser Bedingung ergeben sich folgende charakteristische Größen für ein Getriebe mit der Nutenzahl z, der Treiberdrehzahl n (U/min) und dem Achsabstand a:

Bild 10.18: Klinkenschaltwerk. Vorschubgetriebe für eine Stoßmaschine mit Kurbelschwingenantrieb.
a Antriebskurbel, b Koppel, c Schwinge mit Schaltklinke f (Ratsche!), g Sperrad (Schaltstück), h Abtriebsspindel für die Vorschubbewegung.

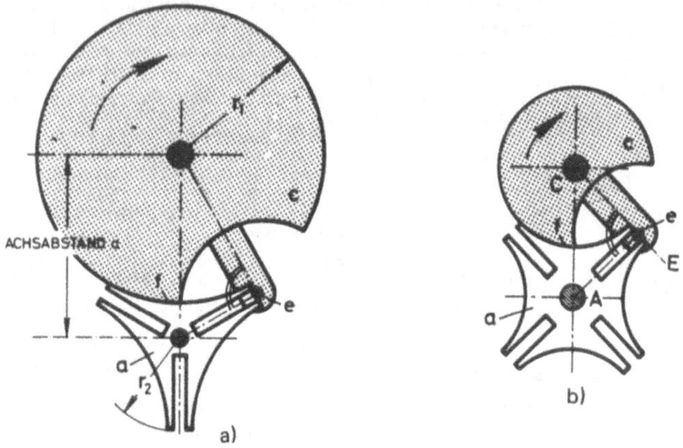

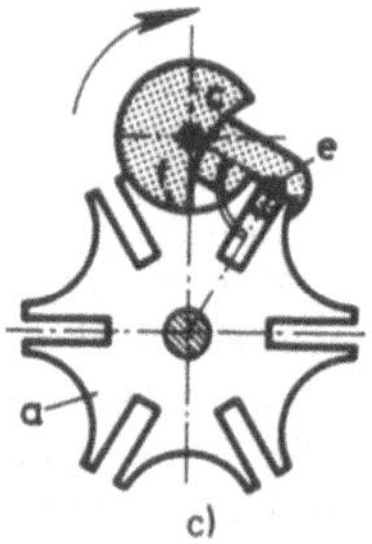

Bild 10.19: Räderschaltwerk. Malteserkreuz-Schaltwerke mit 3, 4 und 6 Nuten. a Schaltrad, c Trèiber, e Triebstock, f Zylindergesperre.

Winkel für Schaltperiode am Treiber:

$$\varphi_S = 180 \cdot (z - 2)/z \qquad (10.3)$$

Winkel für Schaltperiode am Kreuz:

$$\psi_S = 360/z \qquad (10.4)$$

Winkel für Schaltpause am Treiber:

$$\varphi_R = 360 - \varphi_S = 180 \cdot (z + 2)/z \qquad (10.5)$$

Halbmesser des Treibers:

$$r_1 = a \cdot \sin (180/z) \qquad (10.6)$$

Halbmesser des Kreuzes:

$$r_2 = a \cdot \cos(180/z) \tag{10.7}$$

Umlaufzeit des Treibers:

$$T = 60/n \quad (s) \tag{10.8}$$

Schaltzeit:

$$t_S = 30 \cdot (z - 2)/(n \cdot z) \quad (s) \tag{10.9}$$

Ruhezeit:

$$t_R = 30 \cdot (z + 2)/(z \cdot n) \quad (s) \tag{10.10}$$

Verhältnis Schalt- zu Ruhezeit:

$$t_S/t_R = (z - 2)/(z + 2) \quad (s) \tag{10.11}$$

Siehe hierzu auch [49].

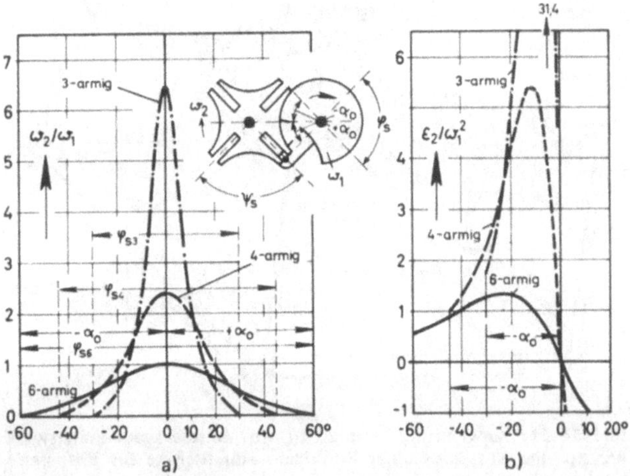

Bild 10.20: a) Winkelgeschwindigkeit und b) Winkelbeschleunigung am Malteserkreuz bei gleichförmigem Antrieb am Treiber c für die Getriebe in Bild 10.19.

Bei den Malteserkreuz-Getrieben mit konstanter Antriebsdrehzahl treten während der Schaltperiode starke Schwankungen von Winkelgeschwindigkeit und Winkelbeschleunigung am Schaltstern auf, Bild 10.20. Dies führt zu hohen dynamischen Kräften. Benutzt man dagegen ein Schubkurbelgetriebe zum Antrieb des Schaltrades, [26] und Bild 10.21, so ergibt sich ein gleichförmigerer Geschwindigkeits- und Beschleunigungsverlauf am Schaltstern. Diese Anordnung hat zwei weitere Vorteile: Schaltstern und Antriebskurbel können koaxial gelagert werden. Der Schaltstern kann in konstruktiv einfacher Weise durch den verlängerten Gleitstein der Geradschubkurbel gesperrt werden, und zwar bei Schalträdern mit gerader Nutenzahl z durch Eingriff in zusätzliche Sperrnuten und bei ungleicher Nutenzahl durch direkten Eingriff in eine Schaltnut.

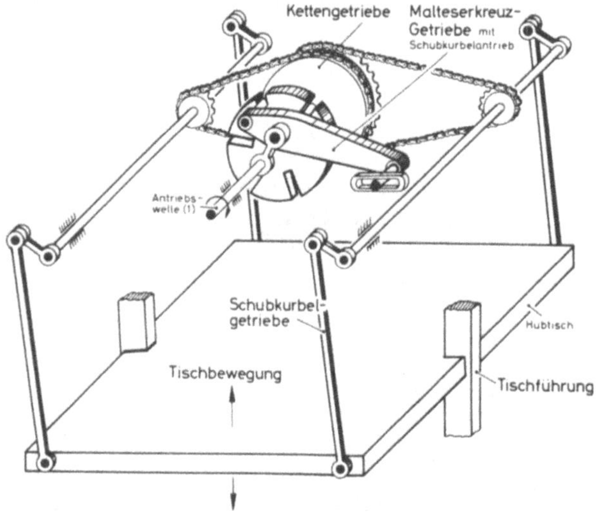

Bild 10.21: Anwendungsbeispiel für ein Malteserkreuz-Schaltwerk. Prinzip des Antriebes einer Punktschweißmaschine für Karosseriebleche.

Bild 10.21 zeigt die praktische Anwendung eines solchen Getriebes zum Antrieb des Hubtisches einer Punktschweißmaschine. Man erkennt, daß der Triebstock auf der Koppel der Geradschubkurbel angeordnet ist.

Das Verhältnis zwischen der maximalen Winkelgeschwindigkeit ω_2 der Schaltradwelle und der Winkelgeschwindigkeit ω_1 der Antriebswelle beträgt bei dieser Anordnung $\omega_2/\omega_1 = 0{,}83$ gegenüber $\omega_2/\omega_1 = 1{,}0$ bei einem gleichförmigen Antrieb durch das Treibrad. Auch die maximale Winkelbeschleunigung ist niedriger: $\epsilon_2/\epsilon_1 = 0{,}85$ gegenüber $\epsilon_2/\epsilon_1 = 1{,}3$ bei gleichförmigem Antrieb.

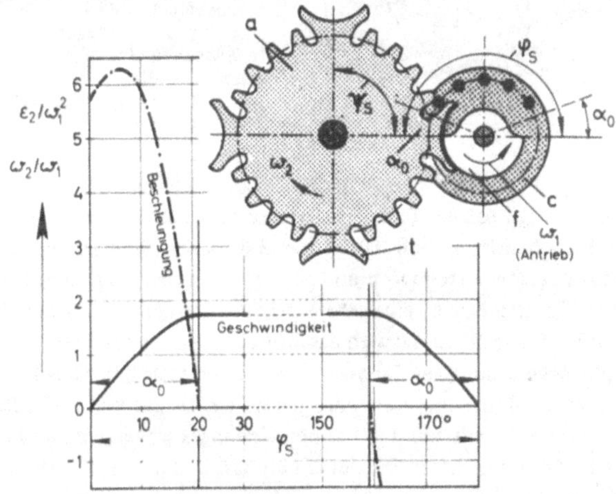

Bild 10.22: Räderschaltwerk. Sternradgetriebe mit vier Schaltschuhen. Verlauf von Geschwindigkeit und Beschleunigung am Abtrieb bei gleichförmigem Antrieb des Treibers.
a Schaltrad, c Treiber, f Sperrschuh, t Schaltschuh.

Eine gleichförmigere Drehbewegung während der Schaltperiode erreicht man mit *Sternradgetrieben* [49, 50]. Bild 10.22 zeigt ein vierarmiges Sternradgetriebe mit Triebstockverzahnung und mit gleichgroßen Schaltwinkeln. Die Sperrung erfolgt zwischen der zylindrischen Sperrscheibe f am Treiber c und den Sperrschuhen t am Schaltrad a. Sternradgetriebe haben außerdem den Vorteil einer großen Freizügigkeit in der Wahl des Verhältnisses von Schalt- zu Ruhezeit und der Anzahl der Schaltperioden je Treiberumdrehung. Auch unregelmäßig schaltende Getriebe lassen sich ausbilden. Als Nachteil ist die schwierige Herstellung solcher Sternradgetriebe anzusehen.

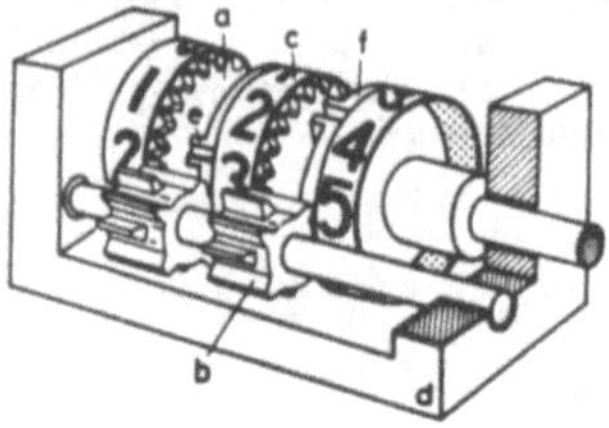

Bild 10.23: Zehnerschaltwerk mit Zwischenritzel als Anwendung in einem Umdrehungszähler. Nach [33].
a Schaltrad (Zähnezahl z = 20), b Zwischenritzel (z = 8) mit unterschiedlich breiten Zähnen, c Treibrad, e Triebstöcke, f Sperrzylinder.

Eine wichtige Art der Räderschaltwerke sind die *Zehnerschaltwerke* mit Zwischenritzel, Bild 10.23, für Zählwerke, Reohenmaschinen und dergleichen. Treibrad c und Schaltrad a haben die gleiche Drehachse. Das ermöglicht eine sehr gedrängte Bauweise. Bei jeder Umdrehung des Treibrades c wird das Zwischenritzel b durch die beiden Triebstöcke e um zwei Zahnteilungen weitergeschaltet. Gleichzeitig schaltet das Rad a um zwei Teilungen weiter. Da das Rad a 20 Zähne hat, wird es damit um 1/10 seines Umfanges weitergedreht. Jeder zweite Zahn des Ritzels b ist etwas breiter. Dadurch legen sich während der Schaltpause zwei breite Zähne an den Sperrzylinder f des Treibers a und wirken dadurch als Sperrglied.

10. 2. 3. Greiferschaltwerke

Sie sind dadurch gekennzeichnet, daß das Schaltglied c – hier Greifer genannt – meistens eine geradlinige Schubbewegung ausführt und in das Schaltstück a (z. B. Filmband) nur in periodischen Abständen eingreift, Bild 10.16d. Der Greifer c kann Teil eines Kurven- oder Kurbelgetriebes sein.

Bild 10.24 zeigt ein Viergelenkgetriebe, das als Greiferschaltwerk verwendet werden kann. Der Koppelpunkt K der Koppel c beschreibt eine D-förmige Koppelkurve. Das Schaltstück a wird zwischen den Punkten A und B geradlinig weitergeschoben. Bei Eingriffsbeginn, Punkt A, greift das Schaltglied nahezu senkrecht in das Schaltstück ein.

Durch geringe Veränderungen in den Abmessungen des Getriebes kann die Form der Koppelkurve und der Geschwindigkeitsverlauf während der geradlinigen Bewegung verändert werden. Solche Getriebe können zum Transport des Filmes in Kameras oder Filmprojektoren eingesetzt werden.

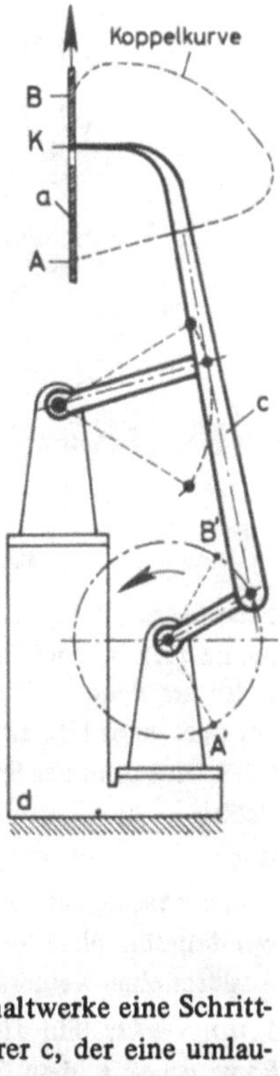

Bild 10.24: Greiferschaltwerk.

10. 3. Hemmwerke

Hemmwerke, Bild 10.25, erzeugen wie die Schaltwerke eine Schrittbewegung. Das Hemmstück a wird vom Sperrer c, der eine umlaufende oder schwingende Bewegung ausführt, gesperrt und dann wieder freigegeben. Im Gegensatz zu den Schaltwerken ist aber die Schrittbewegung der in den Stillständen gesperrten Kraft gleichgerichtet. Die Antriebskraft wird also am Hemmstück a aufgebracht. Bei den Greiferschaltwerken dagegen wird sie am Schaltglied eingeleitet.

Hauptanwendungsgebiete der Hemmwerke sind Uhren.

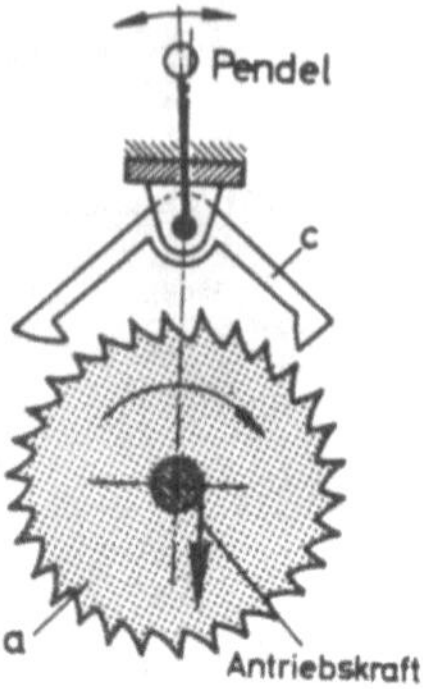

Bild 10.25: Hemmwerk.
a Hemmstück
c Sperrer

10. 4. Spann- und Sprungwerke

Spannwerke, Bild 10.26a, bestehen aus dem im Gestell d gelagerten Spannstück a, dem Sperrer c und einem Energiespeicher, beispielsweise der Feder f. Durch Bewegen des Spannstückes a wird die Feder f gespannt bis der Sperrer in die Sperrnut n eingreift. Das Spannstück wird so in der Spannstellung beliebig lange festgehalten. Durch Betätigen des Sperrers c wird die gespeicherte Energie der Feder freigegeben und das Spannstück a in die Ausgangslage zurückbewegt.

Man unterscheidet nach Bild 10.26 Sperr- und Kippspannwerke. Anwendungsbeispiele für Spannwerke sind das Gewehrschloß oder der Auslöser einer Kamera, Bild 10.26c.

Sprungwerke, Bild 10.27, bestehen aus dem im Gestell gelagerten Sprungstück a, dem Sperrer c, dem Spanner e und einem Energie-

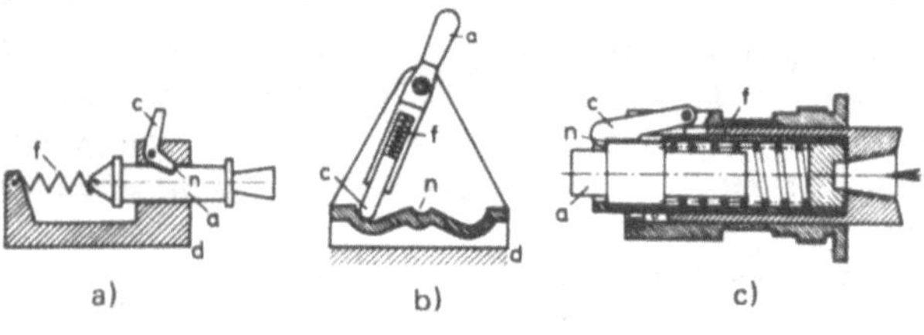

speicher, beispielsweise der Feder f. Durch Bewegen des Spanners e wird die Feder f gespannt. Bei einer bestimmten, vorgegebenen Lage des Spanners wird die Sperrung gelöst, die in der Feder gespeicherte Energie freigegeben und das Sprungstück a bewegt. Im Gegensatz zu den Spannwerken wird also die Energie nicht beliebig lange gespeichert. Spannen und Auslösen erfolgt innerhalb eines einzigen Bewegungsvorganges. Ähnlich wie bei den Spannwerken unterscheidet man Sperr- und Kippsprungwerke, Bild 10.27. Ein Anwendungsbeispiel für Sprungwerke sind elektrische Schalter.

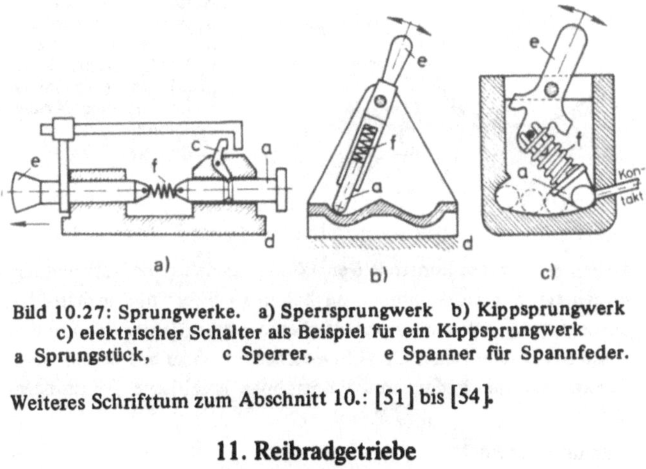

Bild 10.27: Sprungwerke. a) Sperrsprungwerk b) Kippsprungwerk c) elektrischer Schalter als Beispiel für ein Kippsprungwerk
a Sprungstück, c Sperrer, e Spanner für Spannfeder.

Weiteres Schrifttum zum Abschnitt 10.: [51] bis [54].

11. Reibradgetriebe

Reibradgetriebe sind kraftschlüssige Rädergetriebe. Die Umfangskraft U wird vom treibenden zum angetriebenen Rad durch den Reibungsschluß der gegeneinander gepreßten, als Rotationskörper (Zy-

---

Bild 10.26: Spannwerke. a) Sperrspannwerk b) Kippspannwerk c) Kamera-Auslöser als Beispiel für ein Sperrspannwerk
a Spannstück, c Sperrer, d Gestell, f Spannfeder, n Sperrnut.

linder, Kegel, Planrad etc.) ausgeführten Räder übertragen. Die übertragbare Umfangskraft U hängt vom Reibwert μ zwischen Reibrad a und Gegenrad b, sowie von der Anpreßkraft P ab, Bild 11.1. Sie ergibt sich zu:

$$U = P \cdot \mu \text{ (kp)} \qquad (11.1)$$

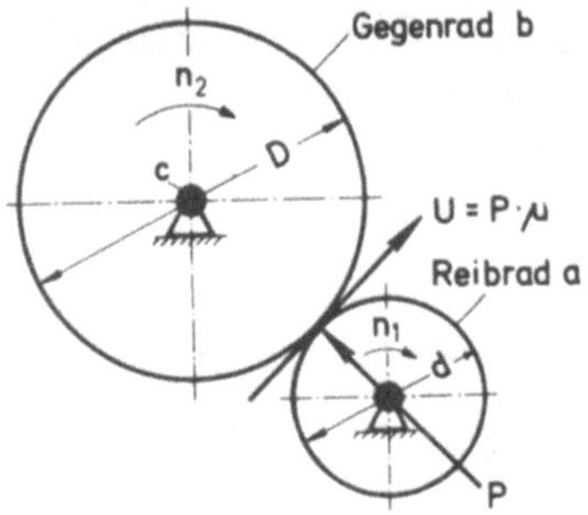

Bild 11,1: Prinzip eines Reibrad-Getriebes. n_1 Antriebsdrehzahl, n_2 Abtriebsdrehzahl, U Umfangskraft, P Anpreßkraft, μ Reibwert zwischen den beiden Scheiben.

Neben einer guten konstruktiven Lösung ist daher die Verwendung geeigneter Werkstoffe mit einem hohen Reibwert und gleichzeitig ausreichender mechanischer Festigkeit wichtig. Da die Berührungsstelle der beiden Räder ein höheres Elementenpaar mit Linien- oder Punktberührung bildet, treten dort hohe spezifische Belastungen auf.

Man unterscheidet:

1. Reibräder mit konstanter Übersetzung
2. Reibradgetriebe mit stufenlos regelbarer Übersetzung
3. Schalt- und Wendereibradgetriebe.

11. 1. Anwendungsbereich. Vor- und Nachteile

Reibradgetriebe lassen sich bei parallelen, sich schneidenden und sich kreuzenden Wellen anwenden, Bild 11.2. Die Form der Radkörper kann dabei sehr unterschiedlich sein [55, 56]. Übliche Übersetzungen bis i = 10, maximal bis i = 18. Bisher wurden Getriebe bis zu einer Leistung von 400 PS und einer Umfangsgeschwindigkeit von v = 20 m/s ausgeführt. Der Wirkungsgrad liegt bei Reibrädern mit konstanter Übersetzung um 95–98%, bei Regelreibrädern maximal bei 90%.

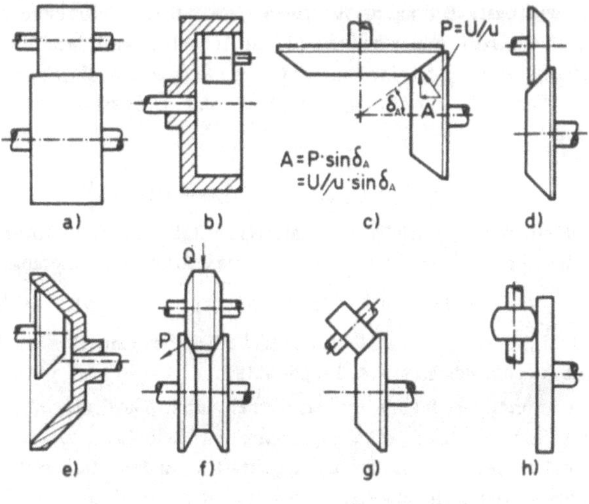

Bild 11.2: Anordnung und Ausführung von Reibrädern.
A = Achskraft.

Vorteile: Reibradgetriebe zeichnen sich durch geringen Raumbedarf und damit durch Material- und Gewichtsersparnis, ferner durch leichten Einbau und geringe Wartung aus. Das Durchrutschen der Reibräder ist bei vielen Anwendungen als Überlast-Sicherung erwünscht.

Nachteile: Die zur Übertragung der Umfangskraft notwendige Anpreßkraft belastet Lager und Wellen. Durch häufiges Durchrutschen unrunde Räder erzeugen Geräusche und Erschütterungen. Die Betriebssicherheit hängt von der sicheren Erhaltung der Anpreßkraft ab. Der von der Belastung abhängige Schlupf zwischen den beiden Rädern macht die Einhaltung eines genauen Übersetzungsverhältnisses unmöglich.

Eine selbsttätige Nachstellung der Anpreßkraft ist in vielen Fällen die wichtigste Bedingung für einen einwandfrei funktionierenden Reibradantrieb. Außer bei stufenlosen Antrieben wird das Reibradgetriebe vorwiegend dort eingesetzt, wo es zugleich die Funktion von Drehzahluntersetzung, Kupplung und Überlastschutz übernimmt.

11. 2. Erzeugung der Anpreßkraft P

Soll ein Reibradgetriebe eine Leistung N (PS) bei einer Antriebsdrehzahl n_1 (U/min) übertragen, so ist die erforderliche Anpreßkraft

$$P = U \cdot S_R/\mu = 1432 \cdot N \cdot S_R/(n_1 \cdot d \cdot \mu) \text{ (kp)} \qquad (11.2)$$

Wobei S_R die gewünschte Rutschsicherheit des Getriebes ist. S_R wird im allgemeinen größer 1,4 gewählt.

Die Anpreßkraft P kann erzeugt werden durch: Gewichts- oder Federbelastung, elastische Vorspannung der Reibräder, oder durch Selbstregelung mittels der Umfangskraft U und Kraftübersetzung durch Keil- und Hebelwirkung.

Der Selbstregelung der Anpreßkraft P ist nach Möglichkeit immer der Vorzug zu geben, da hierbei P immer proportional der Umfangskraft U ist. Im Teillastbetrieb wird dadurch eine übermäßige Belastung von Wellen und Lagern vermieden und der Verschleiß der Reibräder auf ein Minimum beschränkt.

Eine solche Selbstregelung zeigt das Bild 11.3. Der Motor M wird schwenkbar auf einer Wippe W aufgestellt und die Reibscheibe a durch die Feder an die Gegenscheibe b gedrückt. Zwischen den Verbindungslinien der beiden Radmittelpunkte einerseits und dem Berührungspunkt und dem Schwingendrehpunkt andererseits ergibt sich der "Steuerwinkel ρ". Bei dieser Anordnung schiebt sich das

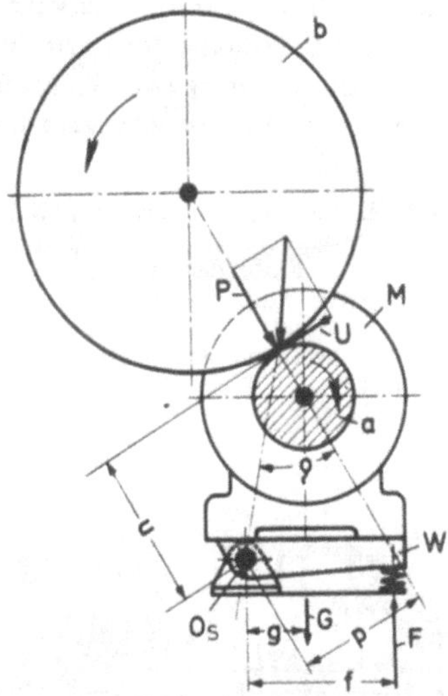

Bild 11.3: Reibradgetriebe mit Selbstregelung der Anpreßkraft.

Reibrad entsprechend der zu übertragenden Umfangskraft wie ein Exzenter zwischen Gegenscheibe b und Schwingendrehpunkt O_S. Dadurch stehen P und U immer in einem bestimmten Verhältnis, Bild 11.3:

$$P = U \cdot \text{ctg}\, \rho + F \cdot f/p - G \cdot g/p \text{ (kp)} \qquad (11.3)$$

Aus dieser Gleichung kann die richtige Federkraft F ermittelt werden. Eine genaue Dosierung von F ist für eine richtige Funktion des Antriebs wichtig. Der Steuerwinkel wird bei Gummireibrädern mit $\rho = 36 - 40°$ ausgeführt.

Auch die stufenlosen Reibradgetriebe in den Bildern 11.6 und 11.7 verfügen über eine Anpreßautomatik.

11. 3. Reibradgetriebe mit konstanter Übersetzung

Zwei aneinandergepreßte zylindrische Reibräder, die beide im Gestell c gelagert sind, bilden das einfachste Reibradgetriebe, Bild 11.1.

Oft werden Zwischenreibräder zur Überbrückung eines größeren Achsabstandes oder zur Umkehrung der Drehrichtung verwendet, Bild 11.4. Auch die Kraftübertragung zwischen Laufrad und Schiene bzw. Straße bei Straßen- und Schienenfahrzeugen bildet ein Reibradgetriebe.

Der Reibradantrieb für eine Spindelpresse in Bild 11.4 ist innerhalb des Schwungrades 2 untergebracht. Schwungrad 2 hat einen gerillten Spurkranz, an dem die Reibräder 1a oder 1b angreifen. Das Zwischenrad 5, das vom Antriebsritzel 4 angetrieben wird, bewirkt über das Reibrad 1b eine Drehrichtungsumkehr für die Abwärtsbewegung der Spindel. Durch Schwenken des Getriebegestelles 3 wird das Rad 1a mit dem Spurkranz in Eingriff gebracht und damit die Aufwärtsbewegung eingeleitet.

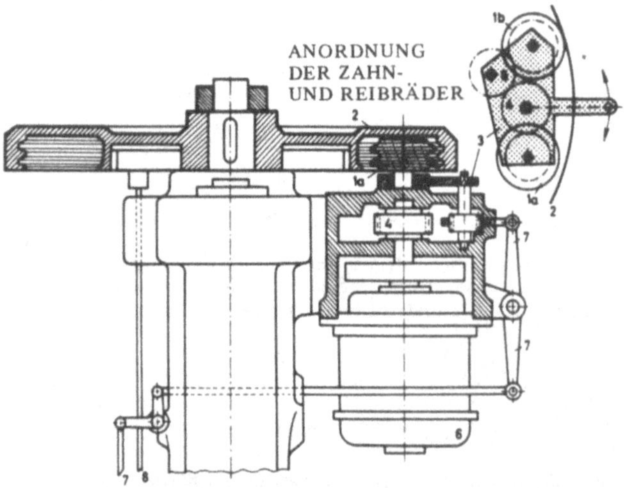

Bild 11.4: Antrieb des Schwungrades einer Spindelpresse mittels Reibradgetriebe. (Bauart WEINGARTEN)
1a, 1b Reibräder, 2 Schwungrad, 3 schwenkbares Getriebegestell, 4 Antriebsritzel, 5 Zwischen-Zahnrad zur Drehrichtungsumkehr, 6 Antriebsmotor, 7 Schaltgestänge zum Schwenken des Getriebegestelles, 8 Schaltgestänge zur Betätigung der Innenbackenbremsen im Schwungrad.

11. 4. Reibradgetriebe mit stufenlos einstellbarer Übersetzung

Für zahlreiche Antriebsmaschinen, beispielsweise Papier, Druck, Textil- und Werkzeugmaschinen ist oft eine stufenlose Regelung der Antriebsdrehzahl erwünscht. Elemente der stufenlos verstellbaren Wälzgetriebe sind Kreisring, Kegel, Planscheibe und Kugel.

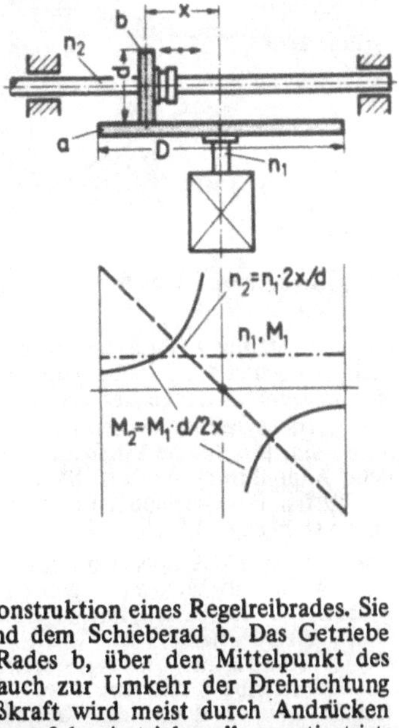

Bild 11.5: Einfaches Regel-Reibradgetriebe bestehend aus Planrad a und Schieberad b. Unten: Verlauf der Drehzahlen und Drehmomente in Abhängigkeit von der Stellung des Schieberades b.

Bild 11.5 zeigt eine einfache Konstruktion eines Regelreibrades. Sie besteht aus dem Planrad a und dem Schieberad b. Das Getriebe kann durch Verschieben des Rades b, über den Mittelpunkt des Planrades hinaus nach rechts, auch zur Umkehr der Drehrichtung verwendet werden. Die Anpreßkraft wird meist durch Andrücken des Planrades a, das verschiebbar auf der Antriebswelle montiert ist, mittels einer Feder erzeugt. Bei dieser Ausführung treten große Reibungs- und Abnutzungserscheinungen auf, so daß sie sich nur für kleine Leistungen, z. B. zum Antrieb einer Bohrmaschine mit N = 0,4 PS, eignet.

Bei dem stufenlos einstellbaren Getriebe nach Bild 11.6 mit den ringförmigen Reibscheiben a und b sind zwischen der Antriebswelle 1 und der Abtriebswelle 2 schwenkbare Übertragungsrollen c angeordnet. Durch die einstellbare Schwenkbewegung dieser Rollen kann

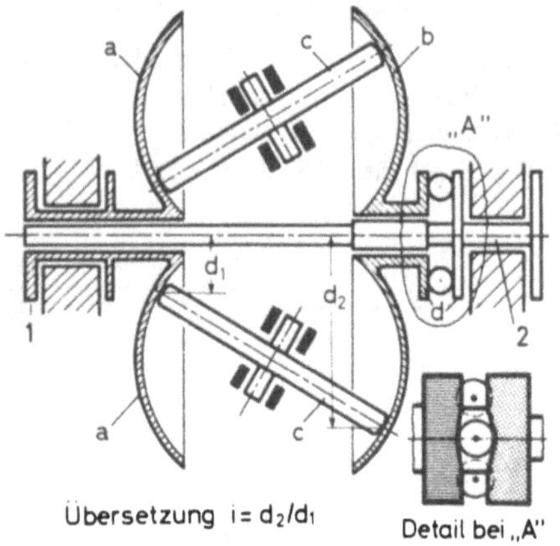

Bild 11.6: Prinzip eines stufenlos einstellbaren Reibradgetriebes (ARTER-Getriebe).
a Reibscheibe auf der Antriebswelle 1, b Reibscheibe auf der Abtriebswelle 2, c schwenkbare Übertragungsrollen, d Anpreßautomatik zur drehmomentabhängigen Regelung der Anpreßkraft der Reibscheiben, d_2/d_1 Übersetzungsverhältnis.

die Übersetzung verändert werden. Durch eine axiale Anpreßautomatik zwischen der Scheibe b und der Abtriebswelle 2 stellt sich der Anpreßdruck zwischen den Reibkörpern a, b und c dem jeweils an der Abtriebswelle 2 auftretendem Abtriebsdrehmoment verhältnisgleich ein. Durch eine Vorspannfeder wird der im Leerlauf erforderliche Anpreßdruck erzeugt. Sämtliche Reibräder sind gehärtet und geschliffen. Das Getriebe hat einen Einstellbereich von 1 : 6 und wird für Leistungen von 0,26 bis 2,5 PS gebaut [57].

Das turospid-Getriebe wird sowohl mit kugeligen (Leistung N = 0,1 - 4 kW), als auch mit kegeligen Wälzkörpern (N = 4 - 37 kW), gebaut. Die Ausführung mit kugeligen Wälzkörpern zeigt Bild 11.7. Von der Reibscheibe 2 der Antriebswelle wird das Drehmoment auf die gleichmäßig am Umfang verteilten Kugeln 3 und von dort auf die Reibscheibe 8 der Abtriebswelle übertragen. Die Achsen 4 der Kugeln können durch die Verstellscheibe 6 geschwenkt werden. Dadurch wird die Übersetzung verändert.

Beim SCHÄRER-BEIER-Getriebe, dessen Wirkungsweise in Bild 11.8 dargestellt ist, erfolgt die Leistungsübertragung durch Reibung zwischen den Randscheiben 3 und den Kegelscheiben 4. Die Scheiben sind aus gehärtetem Stahl. Sie werden mit Öl geschmiert. Die stufenlose Änderung der Abtriebsdrehzahl n_2 wird dadurch erreicht, daß die Scheibensätze 4 gegenüber den Scheibensätzen 3 geschwenkt werden können. Dabei greifen die Randscheiben an verschiedenen Radien der Kegelscheiben an. Die erforderliche Anpreßkraft kann

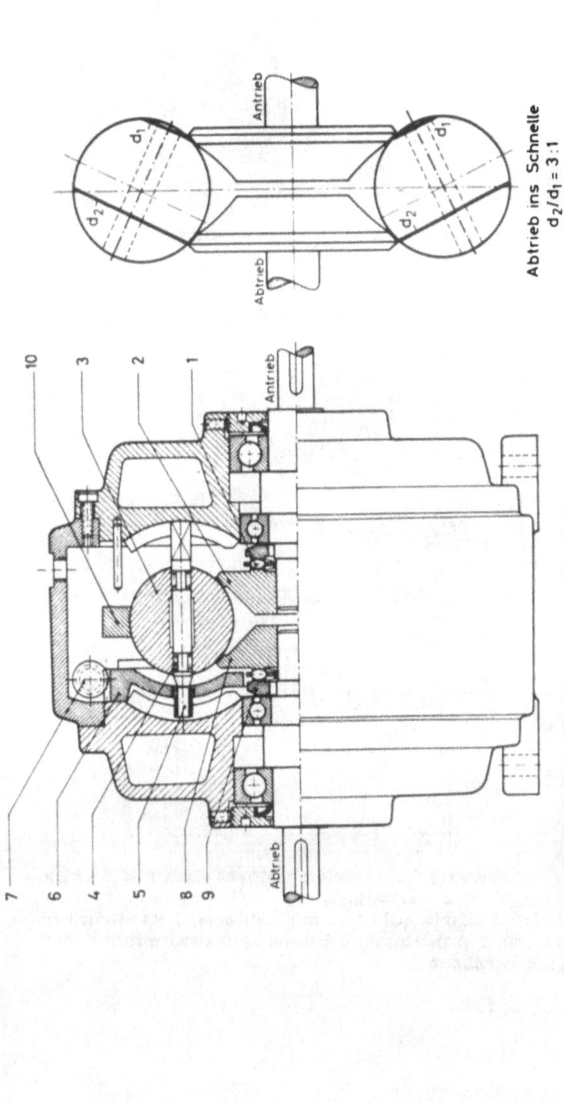

Bild 11.7: Stufenlos regelbares Reibradgetriebe mit schwenkbaren Kugeln als Übertragungselemente. (Eisenwerke WÜLFEL, Hannover, turospid-Getriebe, Bauart B.)
1 Anpreßeinrichtung, 2 Antriebsreibscheibe, 3 schwenkbare Kugel, 4 Nadellager, 5 Kugelachse, 6 Verstellscheibe, 7 Verstellwelle, 8 Abtriebsreibscheibe, 9 Anpreßeinrichtung, 10 Haltering.

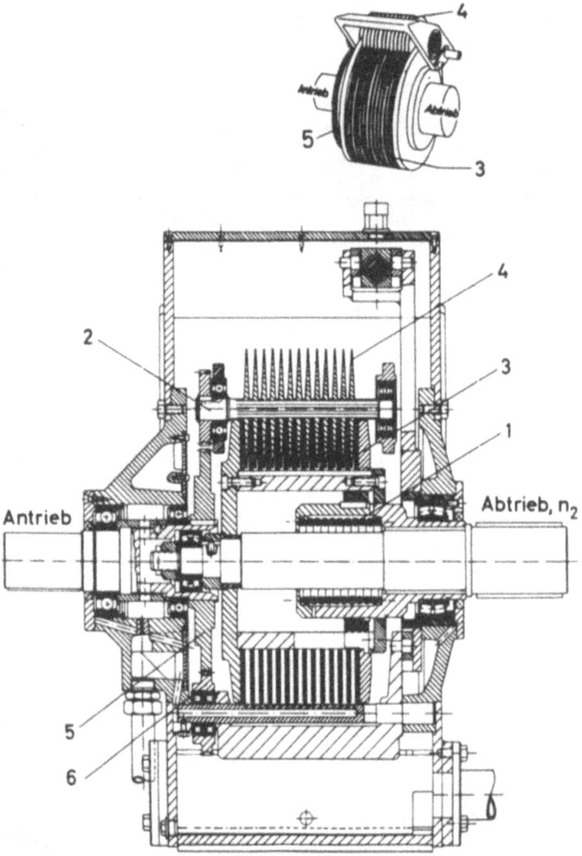

Bild 11.8: Stufenlos regelbares Reibradgetriebe Bauart SCHÄRER-BEIER (Schärer-Werke, Karlsruhe).
1 Anpreßfeder, 2 Kegelscheibenrad mit Keilwelle, 3 Randscheiben, 4 Kegelscheiben, 5 Antriebsrad, 6 Schwenkpunktrad mit Schwenkbolzen und Schwenkarm.

durch eine Schrauben- oder Tellerfeder oder eine Anpreßautomatik erzeugt werden. Durch die Parallelschaltung mehrerer Scheiben ermöglicht das Getriebe eine große Kraftübertragung bei kleinen Lagerkräften. Je nach Bauart besitzen diese Getriebe einen Einstellbereich von 1:4,5 bis maximal 1:13. Sie werden für Leistungen von 0,5 bis 340 PS gebaut.

11. 5. Hinweise zur Auslegung

Entsprechend den jeweils zu befürchtenden Anständen, wie Durchrutschen, Rillen- oder Riefenbildung, plastische Verformung oder Grübchenbildung (Ausbröckelungen) der Reibfläche kann die übertragbare Leistung eines Reibradgetriebes begrenzt sein durch

1. Rutschgrenze
2. Pressungsgrenze
3. Verschleißgrenze und
4. Erwärmung.

Diese Leistungsgrenzen können nach [11] ermittelt werden. Dabei kommt dem Werkstoff der Reibräder eine große Bedeutung zu.

Weiteres Schrifttum zum Abschnitt 11: [58, 59].

12. Zahnradgetriebe

Zahnradgetriebe sind formschlüssige Rädergetriebe. Die Umfangskraft wird vom treibenden zum getriebenen Rad über eine Verzahnung formschlüssig und ohne Schlupf übertragen.

Sie bestehen im einfachsten Fall aus drei Gliedern, dem treibenden Rad a, dem getriebenen Rad b und dem Steg c (Gestell, Getriebegehäuse), Bild 12.1. Der Berührungspunkt zwischen den beiden Zahnkurven bildet ein höheres Elementenpaar mit dem Freiheitsgrad $f = 2$.

Zahnradgetriebe werden zur Wandlung von Drehzahlen und Drehmomenten eingesetzt. Sie können kleinste und größte Leistungen zwischen parallelen, gekreuzten und sich schneidenden Wellen übertragen.

Vorteile: Schlupflose Drehzahlübertragung; guter Wirkungsgrad;

hohe Betriebssicherheit und Lebensdauer; kleine Baugröße; geringe Wartung. Außerdem liegen genaue und umfangreiche Unterlagen für ihre praktische Auslegung und ihre Herstellung vor z. B. [11, 60, 61, 62, 63 und 64].

Nachteile: Höherer Preis, da sorgfältige und genaue Herstellung erforderlich; größere Geräuschentwicklung.

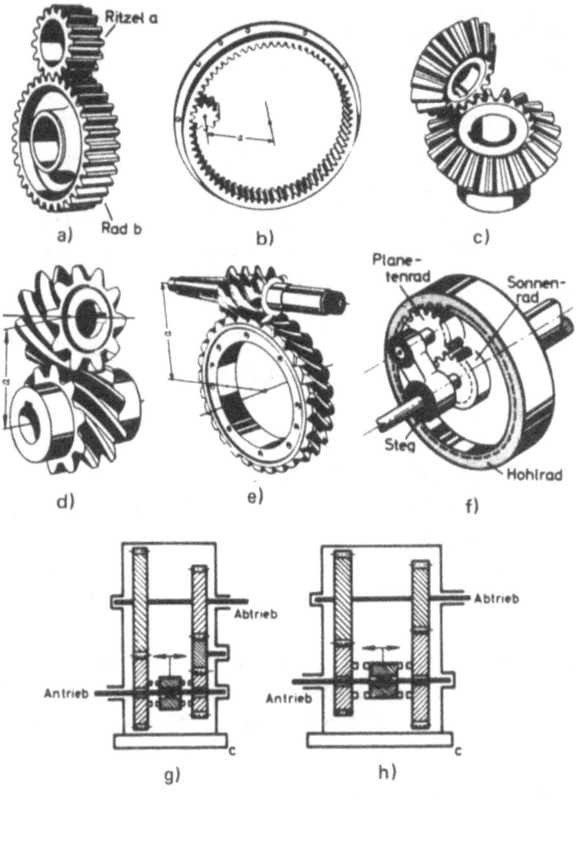

12. 1. Grundformen

Man unterscheidet nach Lage und Bewegung der Wellen zueinander:

1. *Ebene Standgetriebe* mit außen- oder innenverzahnten Stirnrändern, Bild 12.1a und b.
2. *Räumliche Standgetriebe*, Bild 12.1c bis e. Die Wälzkörper sind Kegel und Zylinder mit sich kreuzenden Achsen oder globoidförmige Körper.
3. *Planeten- oder Umlaufrädergetriebe*, Bild 12.1f. Während bei den Standgetrieben das Getriebegestell (Getriebegehäuse) festgehalten wird, kann es bei den Planetengetrieben ebenfalls umlaufen.

Nach der Größe und der Veränderlichkeit der Übersetzung, sowie nach der Drehrichtung des Abtriebsgliedes im Vergleich zur Drehrichtung des Antriebsgliedes unterscheidet man:

1. Ein- und mehrstufige Getriebe
2. Wendegetriebe, Bild 12.1g und
3. Wechselgetriebe
4. Schaltgetriebe, Bild 12.1h., mit und ohne Zugkraftunterbrechung

Neben den fast ausschließlich verwendeten *Zahnradgetrieben* mit *gleichförmiger Übersetzung* werden manchmal auch *Getriebe mit ungleichförmiger Übersetzung* eingesetzt.

12. 2. Geometrische Grundlagen

Die wichtigsten Bezeichnungen am Zahnrad erläutert Bild 12.2.

Die Betriebswälzkreise d_{b1} und d_{b2} zweier Zahnräder berühren sich im Wälzpunkt C. Nur in diesem Punkt rollen die beiden Zahnflanken aufeinander ab ohne zu gleiten. Im Wälzpunkt C ist die Um-

---

←

Bild 12.1: Grundformen von Zahnradgetrieben.

a) außenverzahnte	b) innenverzahnte Stirnräder
c) Kegelräder	d) Schraubenräder
e) Schneckenräder	f) Planetengetriebe
g) Wendegetriebe	h) Schaltgetriebe

a) bis e) nach [108]

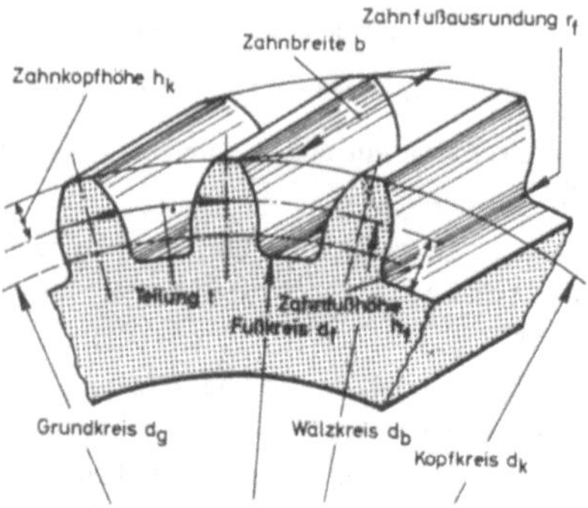

Bild 12.2: Wichtige Bezeichnungen am Zahnrad.

fangsgeschwindigkeit des treibenden Rades (Index 1) gleich der des getriebenen Rades (Index 2):

$$v = 0{,}5 \cdot d_{b1} \cdot \omega_1 = 0{,}5 \cdot d_{b2} \cdot \omega_2$$
$$= d_{b1} \cdot \pi \cdot n_1/60 = d_{b2} \cdot \pi \cdot n_2/60 \quad \text{(m/s)} \qquad (12.1)$$

Mit ω (1/s) als Winkelgeschwindigkeit und n (U/min) als Drehzahl eines Zahnrades. Auf Grund dieser Beziehung ergibt sich für das Übersetzungsverhältnis von einstufigen Standgetrieben:

$$i = d_{b2}/d_{b1} = \omega_1/\omega_2 = n_1/n_2 = z_2/z_1 \qquad (12.2)$$

Bei Vernachlässigung des Standgetriebe-Wirkungsgrades ist die Antriebsleistung N gleich der Abtriebsleistung:

$$N = M_{d1} \cdot n_1/716 = M_{d2} \cdot n_2/716 \quad \text{(PS)} \qquad (12.3)$$

Damit ergibt sich für die Wandlung des Drehmomentes:

$$M_{d2}/M_{d1} = n_1/n_2 = i \qquad (12.4)$$

Eine gleichförmige Bewegungsübertragung zwischen zwei Zahnrädern ist nur dann gegeben, wenn das *Verzahnungsgesetz* erfüllt ist.

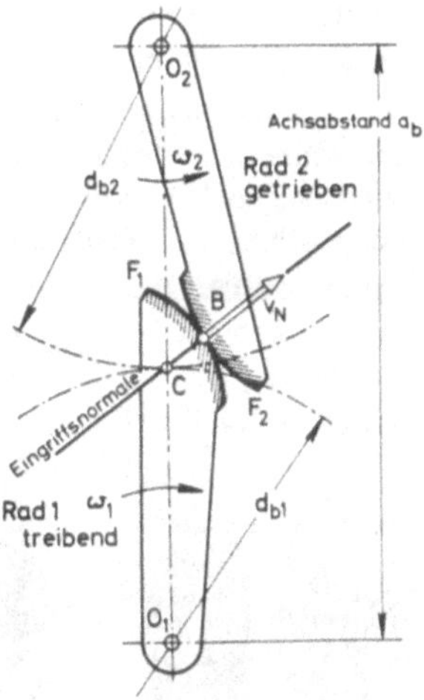

Bild 12.3: Zur Erläuterung des Verzahnungsgesetzes.

Es lautet:

Die Gemeinsame Normale N der beiden Zahnflanken F_1 und F_2 muß in jedem beliebigen Berührungspunkt B der Zahnflanken durch den Wälzpunkt C gehen.

Siehe hierzu Bild 12.3 und Getriebelehre I, S. 153. Mit anderen Worten bedeutet das: Die Geschwindigkeiten v_N normal zur Zahnflanke müssen im Berührungspunkt B für beide Räder gleich sein.

Neben anderen Kurven, die für eine Flankenform in Frage kommen (z. B. Zykloide), erfüllt die *Kreisevolvente* die Bedingung des Verzahnungsgesetzes. Die Evolvente kann mit einem geradflankigem Werkzeug [65] hergestellt werden. Wegen dieser einfachen und genauen Fertigung und wegen weiterer Vorteile [11] wird sie heute fast ausschließlich als Verzahnungskurve verwendet.

12. 3. Zahnradarten

12. 3. 1. Stirnräder

Gerad- und schrägverzahnte Stirnräder verbinden parallele Wellen.

Sie sind der am meisten verwendete Zahnradtyp. Gegenüber einer Geradverzahnung hat die Schrägverzahnung den Vorteil der größeren Laufruhe und der kleineren Mindestzähnezahl am Ritzel. In der Feinwerktechnik werden Zähnezahlen bis $z_1 = 1$ ausgeführt [66]. Nachteilig sind die axialen Lagerkräfte. Deshalb benutzt man oft Doppelschräg- oder Pfeilverzahnung, Bild 12.4.

Übliche Übersetzungen in einer Getriebestufe bis i = 8, maximal bis i = 18 ausgeführt. Drehzahlen bis 12.000 U/min bei Sondergetrieben bis 100.000 U/min; Umfangsgeschwindigkeiten bis 200 m/s; Leistungen bis 25.000 PS.

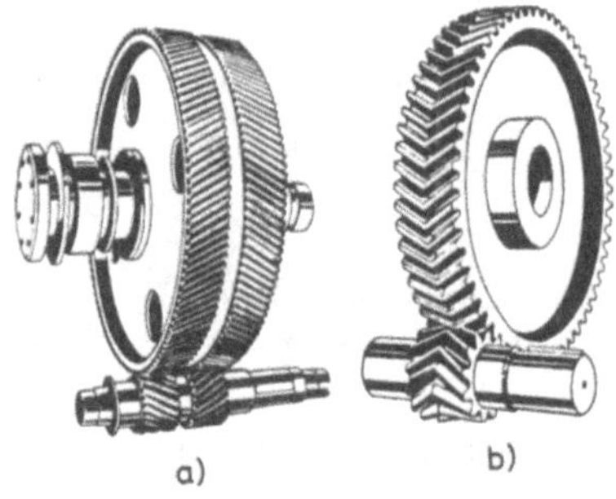

Bild 12.4:
a) Doppel-Schrägverzahnung
b) Pfeil-Verzahnung. Nach [108]

12. 3. 2. Kegelräder

Kegelräder übertragen Drehmomente zwischen sich unter dem Achswinkel δ_A schneidenden Wellen. Man unterscheidet gerad-, schräg- und bogen- oder spiralverzahnte Kegelräder, Bild 12.5.

Kegelräder mit Schräg- oder Bogenverzahnung haben gegenüber solchen mit Geradverzahnung den Vorteil eines größeren Überdeckungsgrades und eines ruhigeren Laufes. Bei bogenverzahnten Kegelrädern ist eine konvexe Flanke des einen Rades stärker gekrümmt als die mit ihr kämmende konkave Flanke des Gegenrades, Bild 12.5. Durch diese Längsballigkeit sind die Spiralkegelräder unempfindlicher gegen Verlagerungen und Wellendurchbiegung. Kantentragen wird so vermieden.

Schraub-Kegelräder: Sie werden auch als Hypoidräder oder achsversetzte Kegelräder bezeichnet. Ihre Achsen schneiden sich nicht mehr, Bild 12.6. Das Ritzel ist aus der Mitte des großen Rades um die Achsversetzung a_v versetzt. Neben dem bei allen Zahnrädern vorhandenen Gleiten in Höhe des Zahnprofils tritt bei diesen Rädern auch ein Gleiten in Längsrichtung der Zähne, das sogenannte Schraubgleiten auf. Dies führt zu höheren Verlusten und damit zu stärkerer Erwärmung und größerem Verschleiß. Die Achsversetzung gestattet bei gleicher Übersetzung eine Vergrößerung des Ritzeldurchmessers und damit der Tragfähigkeit. Gleichzeitig kann durch das Höher- oder Tieferlegen der Ritzelwelle bestimmten konstruktiven Forderungen, wie Bodenfreiheit bei Geländefahrzeugen, entsprochen werden.

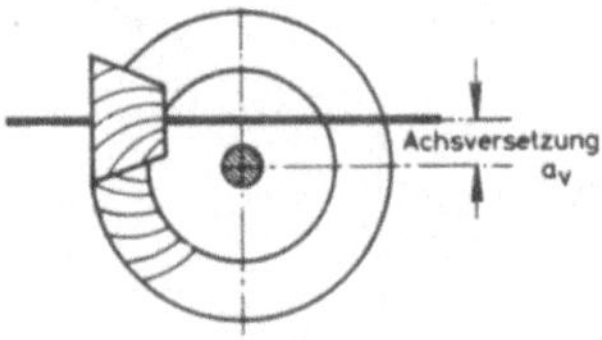

Bild 12.6: Kegelradgetriebe mit Achsversetzung (Schraub-Kegelrad- oder Hypoid-Getriebe).

Kegelräder werden mit Übersetzungen bis i = 8, maximal über i = 10 ausgeführt. Übliche Umfangsgeschwindigkeiten bis 40 m/s; bei geschliffenen Kegelrädern im Flugzeugbau bis 100 m/s. Tragfähigkeit und Laufruhe der Kegelräder hängen sehr von einer sorgfältigen Bearbeitung, Lagerung und Montage ab. Ihre Herstellung ist meist teurer als die von Stirnrädern.

12. 3. 3. Schraubenräder

Schraubenräder, Bild 12.1d, sind schrägverzahnte Stirnräder mit zylindrischen Grundkörpern, deren windschiefe Achsen sich unter dem Winkel δ_A kreuzen. Die Summe der Schrägungswinkel, die im

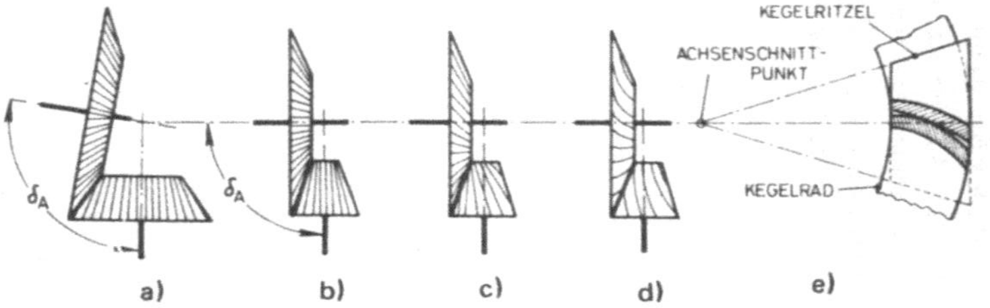

Bild 12.5: Kegelradgetriebe.
a) Achswinkel $\delta_A \neq 90°$
b) geradverzahnt
c) schrägverzahnt
d) bogen-, bzw. spiralverzahnt
e) Längsballigkeit der bogen-verzahnten Kegelräder

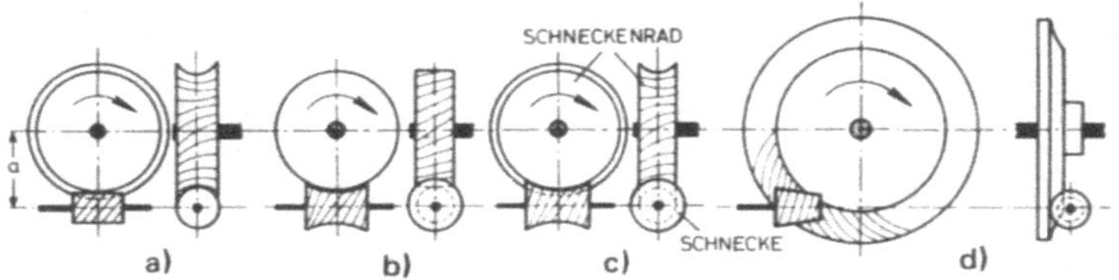

Bild 12.7: Schneckengetriebe. Nach [11].
a) Zylinderschnecke mit Globoidrad
b) Globoidschnecke mit Stirnrad
c) Globoidschnecke mit Globoidrad
d) Kegelschnecke (Spiroid-Getriebe der Fa. Illinois Tool Works, Chicago)

Gegensatz zu schrägverzahnten Stirnrädern gleichläufige Steigungen haben, muß gleich dem Achswinkel sein:

$$\delta_A = \beta_1 + \beta_2 \tag{12.5}$$

Ähnlich wie bei den Schraub-Kegelrädern tritt hier ein Gleiten in Längsrichtung der Zähne auf. Die Zahnflanken berühren sich nur in einem Punkt. Diese Punktberührung sowie die hohe Gleitgeschwindigkeit setzen die Tragfähigkeit der Schraubenräder im Vergleich zu Kegelrädern und Schneckentrieben herab. Schraubenräder finden beispielsweise zum Antrieb der Nockenwelle in Verbrennungsmotoren Verwendung.

12. 3. 4. Schneckentriebe

Ein Schneckentrieb, Bild 12.7, entsteht, wenn bei einem Schraub- oder Kegelschraubtrieb die Ritzelzähnezahl sehr klein wird (z_1 ca. 1–4). Im Gegensatz zu den Schraubenrädern haben sie jedoch Linienberührung. Dies wird dadurch erreicht, daß die Verzahnung des Wälzfräsers zur Fertigung des Schneckenrades den Abmessungen der zugehörigen Schnecke entspricht und die Bewegungen, sowie der Achsabstand beim Verzahnen die gleichen wie im Betriebszustand sind.

Der Achswinkel δ_A ist meist 90°. Hauptvorteil der Schneckengetriebe ist, daß sich mit ihnen größere Übersetzungen in einer Stufe erreichen lassen als bei anderen Getriebearten: Bei Übersetzungen ins Langsame i = 1–100; bei Übersetzungen ins Schnelle i = 1–15. Sie haben eine hohe Belastungsfähigkeit, sowie einen geräuscharmen Lauf. Sie sind stoß- und schwingungsdämpfend. Schneckentriebe können hohe, kurzzeitige Überlastungen und schlagartige Beanspruchungen besser als andere Getriebe aufnehmen.

Nachteilig sind die hohen Gleitgeschwindigkeiten, die zu einem schlechteren Wirkungsgrad und damit zu stärkerer Erwärmung und höherem Verschleiß führen. Der Wirkungsgrad liegt je nach Übersetzung und Baugröße bei 69–95% gegenüber 96–99% bei anderen Zahnradgetrieben.

Schneckengetriebe sind bis Leistungen von 1400 PS, Drehmomente bis 70.000 mkp am Schneckenrad und Umfangsgeschwindigkeiten bis 70 m/s ausgeführt worden. Die Schnecke wird meist aus vergütetem oder gehärtetem Stahl, das Rad aus Bronze, Grauguß oder Aluminiumlegierungen hergestellt.

12. 4. Standgetriebe mit konstanter Übersetzung

Diese Getriebe haben eine unveränderliche Drehzahlumformung. Sie können einstufig als Stirnrad-, Kegelrad-, Schnecken- oder Schraubenradgetriebe ausgeführt werden. Mehrstufige Getriebe zur Erzielung größerer Übersetzungen werden meist als Stirnrad- oder bei sich schneidenden Achsen als Kegel-Stirnradgetriebe gebaut.

Die Gesamtübersetzung eines mehrstufigen Getriebes berechnet sich wie folgt:

$$i_{ges} = z_2/z_1 \cdot z_4/z_3 \cdot z_n/z_m = i_I \cdot i_{II} \cdot i_N \qquad (12.6)$$

Sie ist also das Produkt der Übersetzungen in den einzelnen Getriebestufen. Die Drehzahlen der Zwischenwellen ergeben sich zu

$$n_2 = n_1/i_I; \quad n_3 = n_2/i_{II} = n_1/(i_I \cdot i_{II}) \quad \text{(U/min)} \qquad (12.7)$$

Bauformen solcher einfacher und zusammengesetzter Getriebe zeigt das Bild 12.8.

Durch Einschalten eines *Zwischenrades,* Bild 12.8b kann die Drehrichtung der Abtriebswelle umgekehrt werden. Die Übersetzung ändert sich dadurch *nicht.*

Durch *Hintereinanderschaltung* mehrerer Getriebestufen, Bild 12.8c und d, können hohe Untersetzungsverhältnisse erreicht werden. Mit dem zweistufigen, "rückkehrenden" oder "gleichachsigen" Getriebe nach Bild 12.8d, bei dem An- und Abtriebswelle fluchten, ergibt sich eine sehr gedrängte Bauweise.

Durch *Parallelschaltung* von Getriebestufen läßt sich der Kraftfluß verzweigen. Bei dem einstufigen Getriebe in Bild 12.8e wird die Leistung auf die beiden Abtriebswellen aufgeteilt. Das Verzweigungsgetriebe in Bild 12.8f verteilt die Antriebsleistung auf zwei Zwischen-

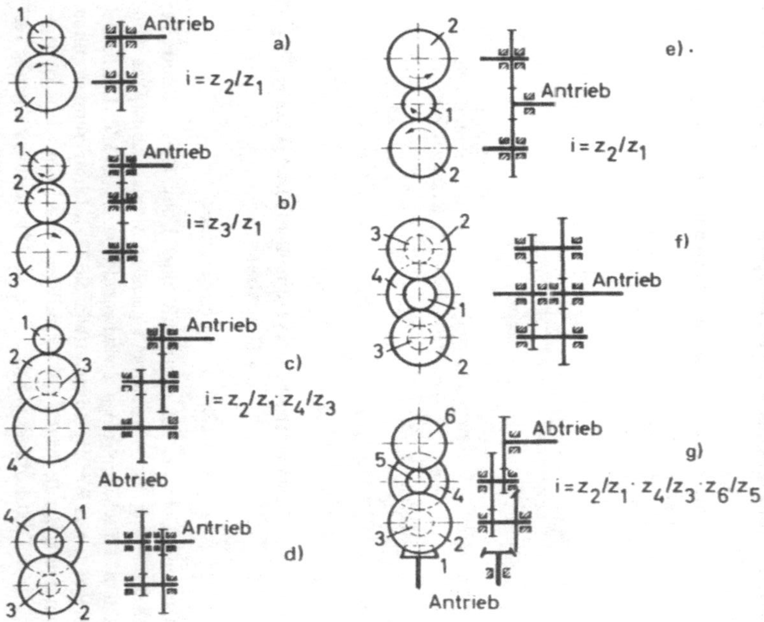

Bild 12.8: Bauformen von Standgetrieben.
a) Einstufiges Stirnradgetriebe
b) Stirnrad-Wendegetriebe
c) zweistufiges Stirnradgetriebe mit hintereinander angeordneten Getriebestufen
d) zweistufiges, rückkehrendes Stirnradgetriebe
e) einstufiges Getriebe mit Leistungsverzweigung auf zwei Abtriebswellen
f) zweistufiges Getriebe mit Leistungsverzweigung auf zwei Zwischenwellen
g) dreistufiges Kegel-Stirnradgetriebe

wellen, die wiederum die Abtriebswelle antreiben. Jeder Zahneingriff hat so nur die halbe Leistung zu übertragen.

Der Aufteilung der Gesamtübersetzung auf die einzelnen Getriebestufen kommt im Hinblick auf eine wirtschaftliche Getriebekonstruktion mit ausgeglichener Tragfähigkeit der einzelnen Zahnräder große Bedeutung zu [11]. Grundsätzlich ergibt eine mehr quadratische Anordnung der Getriebe ein geringeres Gesamtgewicht und niedrigere Kosten.

Ein ausgeführtes Beispiel eines rückkehrenden, zweistufigen Standgetriebes zeigt Bild 12.9.

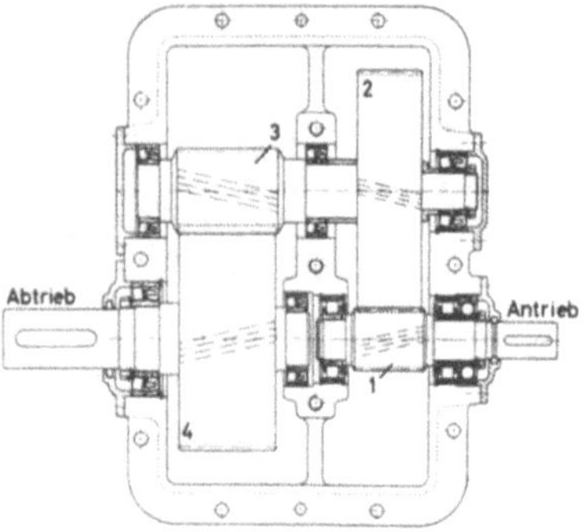

Bild 12.9: Zweistufiges, rückkehrendes Stirnrad-Standgetriebe.

12. 5. Standgetriebe mit veränderlicher Drehrichtung und Übersetzung

12. 5. 1. Wendegetriebe

Das sind Getriebe, bei denen mit einer Umschalteinrichtung die Drehrichtung der Abtriebswelle geändert werden kann. Dies wird durch Einschalten eines Zwischenrades erreicht, Bild 12.8b. Bei einem reinen Wendegetriebe erfolgt die Drehrichtungsumkehr ohne Änderung der Drehzahl. Bei einem Wende-Wechselgetriebe ist dagegen die Drehrichtungsumkehr mit einer Übersetzungsänderung verbunden, Bild 12.1g.

Typische Anwendungsbeispiele sind der Rückwärtsgang in Kraftfahrzeugschaltgetrieben und Bootswendegetriebe.

Den Aufbau eines Kegelradwendegetriebes zeigt Bild 12.10.

12. 5. 2. Wechselrädergetriebe

Die Anwendung von Getrieben mit auswechselbaren Zahnradpaaren

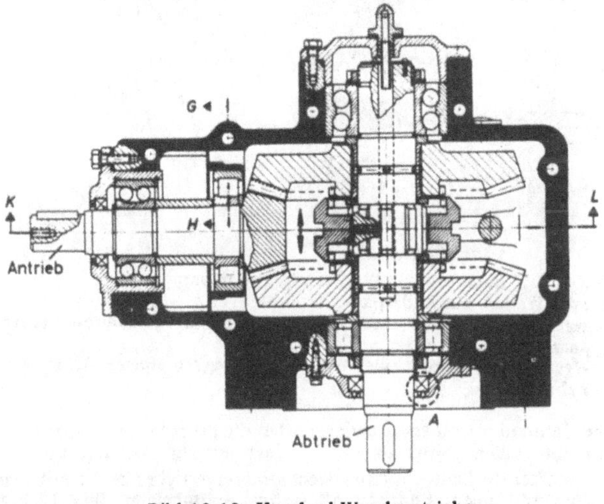

Bild 12.10: Kegelrad-Wendegetriebe.

ist dann von Vorteil, wenn die Abtriebsdrehzahl nur selten geändert werden muß. Gegenüber Schaltgetrieben haben sie den Vorteil, daß mit der gleichen Anzahl von Radpaaren mehr Drehzahlstufen erreicht werden können. Der dadurch geringere Kostenaufwand kann insbesondere dann ausgenutzt werden, wenn die Umrüstzeiten nicht ins Gewicht fallen.

Hauptanwendungsgebiet der Wechselrädergetriebe sind die Werkzeugmaschinen: Bei Verzahnungsmaschinen Zuordnung der Drehzahl des Wälzfräsers zur Tischdrehung; Gewindeschneideinrichtungen bei Drehbänken; Anordnung von Vorgelegewellen zur Erweiterung des Drehzahlbereiches von Schaltgetrieben.

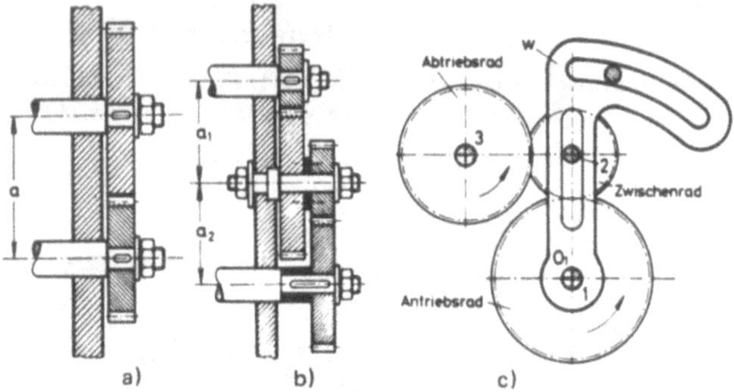

Bild 12.11: Bauarten von Wechselrädergetrieben.
a) zwei Wellen, ein Räderpaar
b) zwei Wellen, eine Achse, zwei hintereinandergeschaltete Räderpaare
c) Wechselräderschere, zwei Wellen, eine verschiebbare Achse, drei Zahnräder.

Die Zahnräder sind so auszulegen, daß die geforderten Drehzahlstufen mit einem Minimum an Rädern erzeugt werden können. Die einfachste Bauform eines Wechselrädergetriebes ist die mit zwei Wellen und einem Radpaar mit festem Achsabstand, Bild 12.11a. Rad und Ritzel können miteinander vertauscht oder gegen ein anderes Radpaar ausgewechselt werden. Da der Achsabstand unveränderlich ist, gilt für die Auslegung der Radpaare mit gleichem Modul:

$$z_1 + z_2 = z_3 + z_4 = z_m + z_n = \text{konstant} \qquad (12.8)$$

Sind p Radpaare vorhanden, so sind

$$x = 2 \cdot p \qquad (12.9)$$

Drehzahlstufen zu verwirklichen. Z. B. $p = 4; x = 8$.

Bei zwei *hintereinander geschalteten* Radpaaren können mehr Drehzahlstufen erreicht werden, Bild 12.11b. Werden die beiden Achsabstände a_1 und a_2 unterschiedlich ausgeführt und sind für Abstand a_1

p_1 Radpaare und für a_2 p_2 Radpaare vorhanden, so ergibt sich die Anzahl der möglichen Drehzahlstufen zu

$$x = 4 \cdot p_1 \cdot p_2 \tag{12.10}$$

Z. B. $p_1 = 2$; $p_2 = 2$; $x = 16$.

Bei gleichen Achsabständen sind noch mehr Drehzahlstufen möglich:

$$x = 2 \cdot p \cdot (p - 1) \tag{12.11}$$

Z. B. $p = 4$; $x = 24$.

Eine weitere Bauform ist die mit *Wechselräderschere,* Bild 12.11c. Durch Drehen der Wechselräderschere w um den Drehpunkt O_1 und durch Verschieben der Zwischenachse 2 in der Kulisse können die Achsabstände a_1 und a_2 zwischen der An- und der Abtriebswelle beliebig eingestellt werden. Die Drehzahl kann so durch das Auswechseln eines einzigen Zahnrades geändert werden. Bei dieser Bauart lassen sich schon mit vier Rädern acht Drehzahlstufen verwirklichen.

Schrifttum zu Abschnitt 12.5.2.: [67, 68 und 69].

12. 5. 3. Schaltgetriebe

Schaltgetriebe ermöglichen eine stufenweise Änderung der Abtriebsdrehzahl. Durch Umschaltung wird die Verbindung der Getriebeglieder an einer Stelle unterbrochen und gleichzeitig an einer anderen Stelle wiederhergestellt. Schaltelemente sind entweder die Zahnräder selbst (Schieberäder) oder Kupplungen. Hauptanwendungsgebiete sind der Kraftfahrzeug- und der Werkzeugmaschinenbau.

Schaltgetriebe werden bei Personenkraftwagen in der Regel mit vier, bei Lastwagen mit 6–10 und bei Ackerschleppern mit 8 Gängen ausgeführt. Hinzu kommt noch ein Rückwärtsgang. Die Auslegung der Übersetzung in den einzelnen Getriebestufen wird von der Motorkennlinie und dem gewünschten Betriebsverhalten des Fahrzeugs bestimmt. Neuerdings kommt den sog. Lastschaltgetrieben immer mehr Bedeutung zu [110, 111].

Schaltgetriebe für Werkzeugmaschinen sind dagegen durch eine Vielzahl (bis zu 32) von Drehzahlstufen [70, 71], die im Stillstand geschaltet werden, gekennzeichnet. Die Abstufung der Lastdrehzahlen erfolgt dabei nach in geometrischen Reihen gestuften Normzahlen.

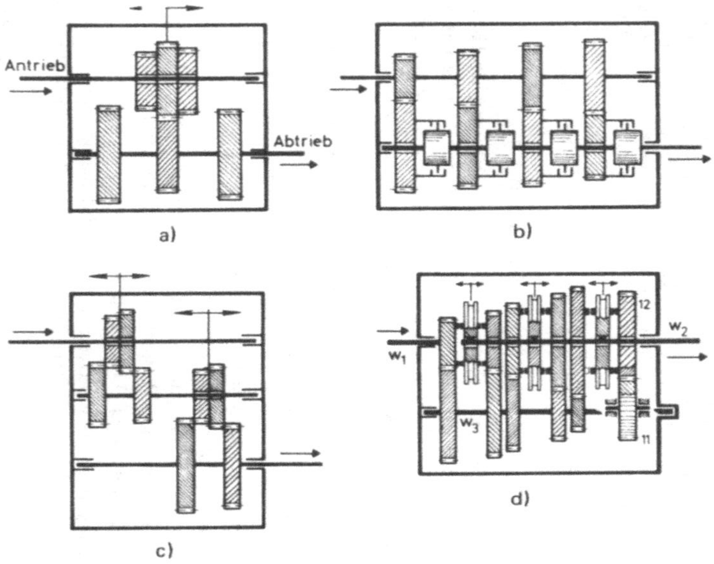

Bild 12.12: Aufbau von Schaltgetrieben.
a) Grundgetriebe mit drei Drehzahlstufen und Schieberäderblock
b) Grundgetriebe mit vier Drehzahlstufen, Schaltung durch Kupplungen
c) Reihengetriebe mit drei Wellen und vier Drehzahlstufen
d) Vorgelege-Getriebe mit fünf Gängen und einem Rückwärtsgang für Kraftfahrzeuge. Siehe auch Bild 12.14.

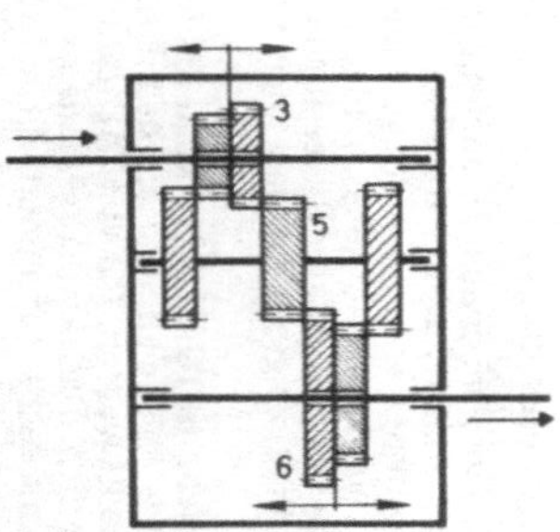

e)

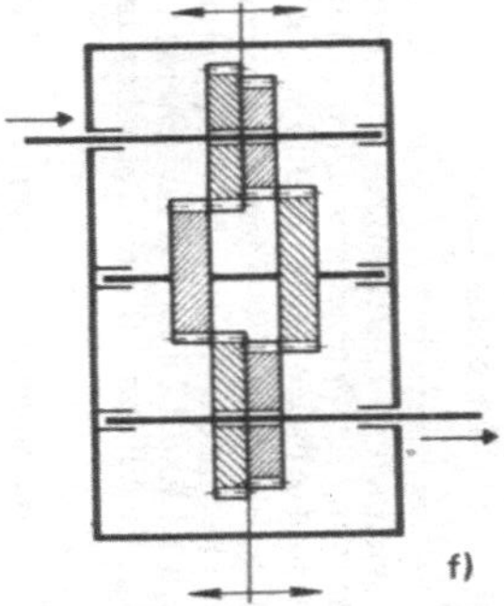

f)

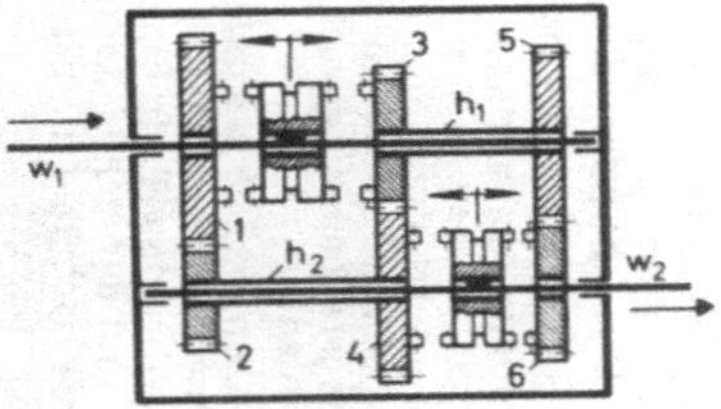

g)

Schaltplan zu g)

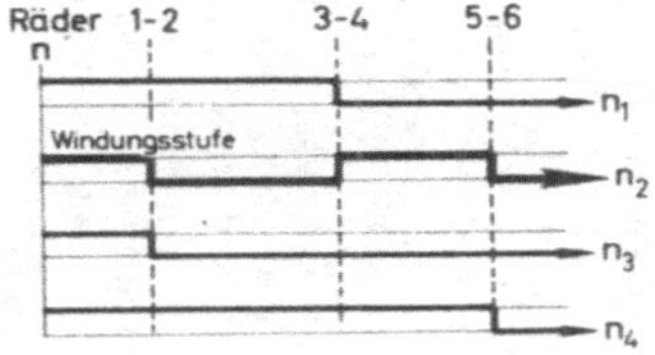

h)

e) **einfach gebundenes Getriebe mit vier Drehzahlstufen**
f) **doppelt gebundenes Getriebe mit vier Drehzahlstufen**
g) **Getriebe mit Windungsstufe (RUPPERT-Getriebe), vier Drehzahlstufen**
h) **Schaltplan des Windungs-Getriebes.**

Nach dem Aufbau unterscheidet man verschiedene Getriebeanordnungen:

Grundgetriebe: Sie bestehen aus mehreren zwischen der An- und der Abtriebswelle liegenden Räderpaaren, Bild 12.12a. Diese Zweiwellen-Getriebe können soviele Drehzahlstufen erreichen, wie Räderpaare vorhanden sind. Sie werden in der Regel bis zu vier Drehzahlstufen gebaut. Eine Bauform, bei der die Umschaltung mittels Kupplungen erfolgt, zeigt Bild 12.12b.

Reihengetriebe: Sie sind aus mehreren hintereinander geschalteten Grundgetrieben aufgebaut, Bild 12.12c. Dabei fällt die Abtriebswelle eines Grundgetriebes mit der Antriebswelle des nächsten zusammen. Die Anzahl der insgesamt möglichen Drehzahlstufen ergibt sich aus dem Produkt der Drehzahlstufen der einzelnen Grundgetriebe. Dreiwellige Getriebe werden meistens bis neun Stufen ausgeführt. Sonst geht man wegen der dadurch möglichen kompakteren Bauweise zu Mehrwellen-Getrieben über. Die konstruktive Ausführung eines Vierwellen-Getriebes für den Spindelstock einer Drehbank zeigt Bild 12.13.

Vorgelegegetriebe: Sie finden vielfach in Kraftfahrzeugschaltgetrieben Verwendung. Durch Anordnung der Vorgelegewelle w_3 in Bild 12.12d wird erreicht, daß An- und Abtriebswelle w_1 und w_2 fluchten. Bei dem Fünfganggetriebe in Bild 12.12d werden vier Drehzahlstufen mit Übersetzung, sowie ein direkter Gang mit 10 Zahnrädern erreicht. Beim Rückwärtsgang wird Rad 12 über das Zwischenrad 11 angetrieben. Die konstruktive Ausführung dieses Getriebes zeigt Bild 12.14.

Spargetriebe sind Reihengetriebe, die so aufgebaut werden, daß einzelne Zahnräder eingespart werden. Dabei verringert sich die Anzahl der Drehzahlstufen nicht. Hierzu gehören die folgenden Bauarten:

Gebundene Getriebe: Das sind Getriebe, bei denen ein oder mehrere Zahnräder der mittleren Welle mit einem Rad der treibenden und der getriebenen Welle in Eingriff kommen können. Jedes gebundene Rad ersetzt zwei Räder eines ungebundenen Getriebes. Dadurch ergibt sich neben der Einsparung eines oder mehrerer Räder auch eine geringere Baubreite. Nachteilig sind die oft großen Abmessungen der Zahnräder.

Bei dem *einfach gebundenen Getriebe* in Bild 12.12e kann das Rad 5 sowohl mit dem Rad 3 der Antriebswelle als auch mit dem Rad 6 der Abtriebswelle in Eingriff gebracht werden. Für vier Drehzahlstufen sind nur mehr 7 Räder erforderlich. Das *doppelt gebundene Getriebe* nach Bild 12.12f kommt mit sechs Zahnrädern für 4 Drehzahlstufen aus.

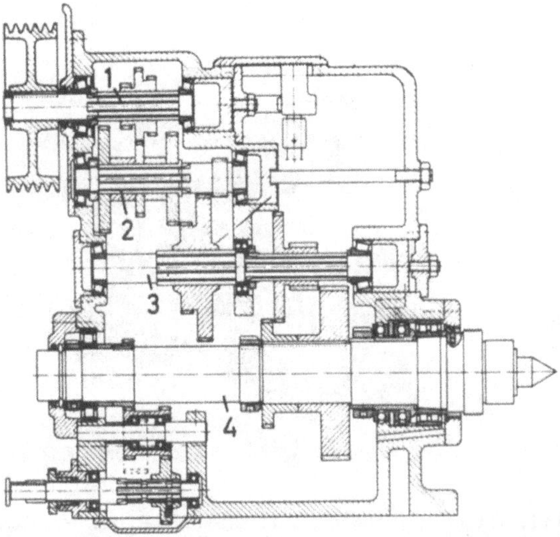

Bild 12.13: Spindelstockgetriebe einer Spitzendrehbank. Nach Fa. SKF, Schweinfurt.

Windungsgetriebe: Beim Einschalten der sogenannten Windungsstufe, Bild 12.12g, wird die Leistung zunächst vom Rad 1 auf Rad 2 übertragen. Die Räder 2 und 4 sind durch eine Hohlwelle h_2, die auf der Abtriebswelle w_2 drehbar ist, verbunden. Vom Rad 4 wird nun die Leistung auf das Rad 3 und damit auf die Ebene der Antriebswelle w_1 zurückübertragen. Räder 3 und 5 sind durch die Hohlwelle h_1, die auf der Antriebswelle drehbar ist, verbunden. Vom Rad 5 wird nun die Leistung auf das mit der Abtriebswelle w_2 drehfest verbundene Schieberad 6 übertragen. Der Schaltplan in Bild 12.12h gibt den Leistungsfluß in den einzelnen Drehzahlstufen wieder. Wie beim doppelt gebundenen Getriebe können mit 6 Rädern vier Stufen erreicht werden.

Einfache Bauarten von Schaltgetrieben, die bei geringem Raumbedarf eine große Anzahl von Drehzahlstufen ermöglichen, sind das Ziehkeil- und das Norton-Getriebe.

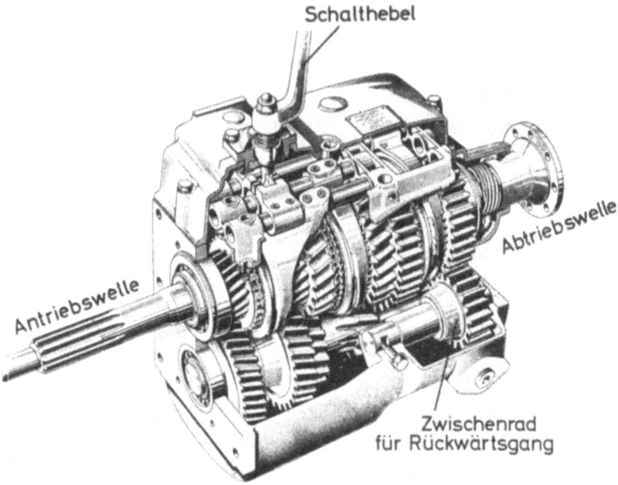

Bild 12.14: LKW-Getriebe mit fünf Gängen (ZF-Synchroma-Getriebe S 5–35). Getriebeschema siehe Bild 12.12d.

Bild 12.15: NORTON-Getriebe. Nach [43]

Norton-Getriebe: Diese Bauart wird häufig als Vorschubgetriebe in Drehbänken eingesetzt. Der Räderkegel a, Bild 12.15, ist auf der Antriebswelle w_1 befestigt. Das Rad c ist mit der Abtriebswelle w_2

drehfest aber verschiebbar gekuppelt. In der Norton-Schwinge d ist das Schwenkrad b, das mit Rad c dauernd in Eingriff steht, gelagert. Die Schwinge d kann zusammen mit dem Abtriebsrad c auf der Abtriebswelle w_2 verschoben werden. Durch Schwenken und Verschieben der Schwinge wird das Zwischenrad b mit einem der Zahnräder des Räderkegels in Eingriff gebracht.

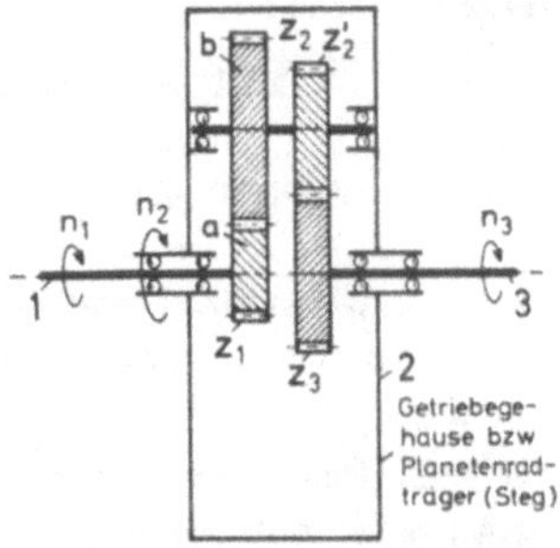

Bild 12.16: Übergang vom Stand- zum Umlaufräder-Getriebe.
1 Antriebswelle, 2 Getriebegehäuse des Standgetriebes = Steg des Planetengetriebes, 3 Abtriebswelle.

12. 6. Planetengetriebe

Bei den bisher behandelten Standgetrieben konnten sich die Räder nur um ihre Eigenachse drehen. Das Getriebegehäuse war das Gestell. Ordnet man nun auch das Getriebegehäuse drehbar an, so erhält man ein Planeten- oder Umlaufrädergetriebe mit dem Freiheitsgrad F = 2, Bild 12.16. Damit ein zwangläufiges Getriebe entsteht, muß entweder Welle 1 oder Welle 3 festgehalten werden oder der Antrieb von zwei Gliedern aus erfolgen.

Hält man beispielsweise in Bild 12.16 Rad z_1 fest und treibt am Steg 2 an, so erhält das getriebene Rad z_2 neben der Drehung mit dem Steg 2 noch eine zusätzliche Drehbewegung durch Abrollen am Rad z_1.

Der drehbare Steg wird auch als Planetenradträger, Stern oder Arm bezeichnet, ein auf der Zentralachse liegendes Rad als Sonnenrad. Die mit dem Steg umlaufenden Räder sind die Planetenräder oder Satelliten.

12. 6. 1. Hauptanwendungsgebiete. Vor- und Nachteile

Planetengetriebe haben besonders in den letzten Jahren zunehmend an Bedeutung gewonnen. Verbesserte und genaue Herstellungsmethoden, sowie moderne Konstruktionen [72, 73] haben den Umlaufrädergetrieben Einsatzgebiete erschlossen, die bisher den Standgetrieben vorbehalten waren.

Vorteile: Durch Anordnung mehrerer Planetenräder im Steg wird eine Leistungsteilung innerhalb des Getriebes erreicht. Die Zahnkraft wird auf mehrere Eingriffe verteilt. Dies führt zu kleinen Raddurchmessern und damit gegenüber Standgetrieben zu einem geringeren Platzbedarf und zu einem günstigeren Leistungsgewicht. Hohe Übersetzungen lassen sich mit kleinen Baugrößen ausführen.

Bei einem Planetengetriebe können, je nachdem welches der Glieder als Antriebs-, Abtriebs- oder Gestellglied ausgebildet wird, verschiedene Bewegungszustände mit unterschiedlichen Übersetzungsverhältnissen erreicht werden. Diese Eigenschaft wird in den automatischen KFZ-Schaltgetrieben ausgenutzt. Umlaufräder können auch mit einem stufenlos regelbaren Getriebe kombiniert werden. Es liegt dann ein Doppelantrieb mit Leistungsverzweigung vor. Je nach Auslegung erhält man dadurch einen erweiterten Regelbereich, Bild 14.10, oder kleinere Abmessungen des Regelgetriebes verbunden mit einem günstigen Gesamtwirkungsgrad der Anlage.

Nachteile: Es ist schwieriger, die innenverzahnten Räder genau herzustellen. Nur durch exakte Fertigung oder durch konstruktiven Mehraufwand [72] wird eine gleichmäßige Aufteilung der Belastung auf die einzelnen Planeten erreicht. Die Lager der Planetenräder werden durch Fliehkräfte zusätzlich stark belastet. Die Lagerbelastung der Planetenräder ist eine bei Umlaufrädergetrieben häufig vorkommende Leistungsgrenze. Der Planetenträger muß genau ausgewuchtet werden, um Schwingungen zu vermeiden.

Hauptanwendungsgebiete: Propellerantrieb bei Flugzeug-Gasturbinen; Untersetzungsgetriebe zwischen Turbine und Generator in kleineren Kraftwerksanlagen; Übersetzungsgetriebe zum Antrieb hochtouriger Verdichter; automatische Schaltgetriebe; Überlagerungsgetriebe für Kesselspeisepumpen.

12. 6. 2. Bauformen

Nach dem Aufbau und der Anordnung der Zahnräder unterscheidet man einfache, Bilder 12.17 und 12.18, und zusammengesetzte Planetengetriebe, Bild 12.19.

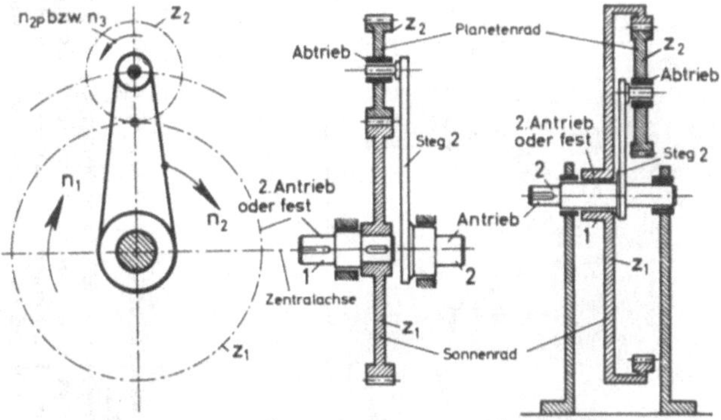

Bild 12.17: Nicht rückkehrende, einfache Planetengetriebe.
a) mit außenverzahntem Sonnenrad
b) mit innenverzahntem Sonnenrad
n_3 = Drehzahl des Planetenrades bei Beobachtung von der stillstehenden Zentralachse aus, n_2p = Drehzahl des Planetenrades bei Beobachtung vom rotierenden Steg aus.

Offene, nicht rückkehrende Planetengetriebe: Sie sind dadurch gekennzeichnet, daß bei festgestelltem Sonnenrad An- und Abtriebswelle nicht fluchten, Bild 12.17. Solche Bauformen haben nur geringe praktische Bedeutung, z. B. in Rührwerken.

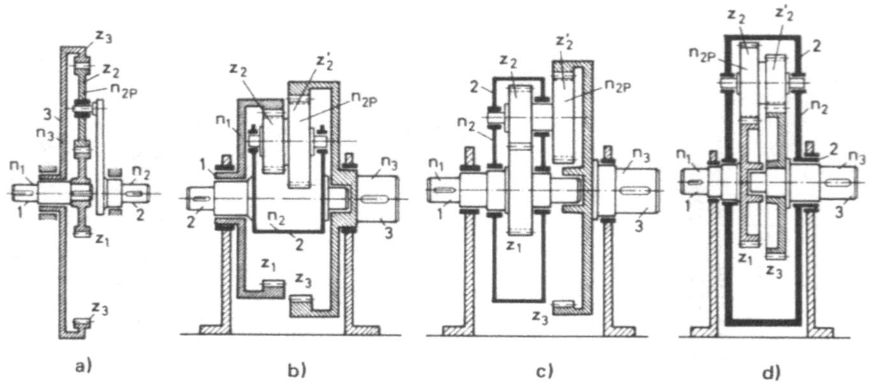

Bild 12.18: Rückkehrende, einfache (dreiachsige) Planetengetriebe. Nach [74]. Übersetzungsgleichungen siehe Tabelle 12.1.
a) dreirädriges Planetengetriebe mit je einem außen- und innenverzahntem Sonnenrad
b) mit zweistufigem Planetenrad und zwei innenverzahnten Sonnenrädern
c) mit zweistufigem Planetenrad, ein innen-, ein außenverzahntes Sonnenrad
d) mit zweistufigem Planetenrad und zwei außenverzahnten Sonnenrädern.

Rückkehrende, gleichachsige Planetengetriebe: Sie werden am häufigsten angewendet. An- und Abtriebswelle fluchten, Bild 12.18. Sie enthalten zwei gleichachsig gelagerte Sonnenräder, von denen je eines außen- und eines innenverzahnt ist und die mit dem gleichen Planetenrad kämmen, Bild 12.18a. Die Sonnenräder können auch beide innen- oder beide außenverzahnt sein. Sie kämmen dann mit einem zweistufigen Planetenräderblock, Bilder 12.18b und d.

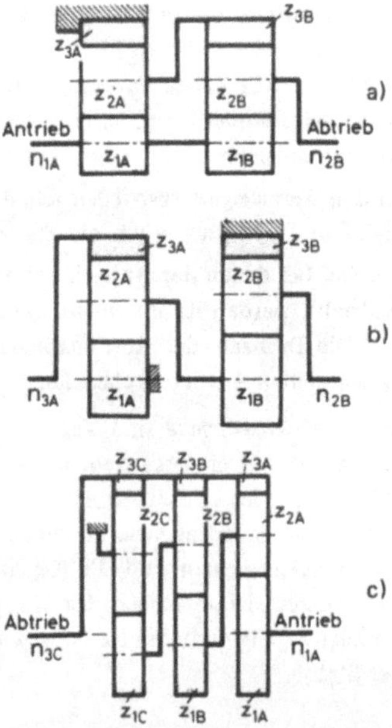

Bild 12.19: Beispiele zusammengesetzter Planetengetriebe. Übersetzungsgleichungen:

a) $n_{1A}/n_{2B} = (1 + Z_{3B}/Z_{1B})/[1 + (Z_{3B}/Z_{1B})/(1 + Z_{3A}/Z_{1A})]$

b) $n_{3A}/n_{2B} = (1 + Z_{1A}/Z_{3A})\,(1 + Z_{3B}/Z_{1B})$

c) $n_{1A}/n_{3C} = (1+Z_{3A}/Z_{1A})[(1+Z_{3B}/Z_{1B})(-\frac{Z_{3C}}{Z_{1C}})-Z_{3B}/Z_{1B}]-\frac{Z_{3A}}{Z_{1A}}$

Zusammengesetzte Planetengetriebe: Sie bestehen aus zwei oder mehr einfachen, rückkehrenden Getrieben, Bild 12.19. Dabei müssen, um Zwanglauf zu erreichen, immer zwei Glieder eines Getriebes mit zwei Gliedern des Nachbargetriebes gekoppelt und ein Glied der gesamten Getriebeanordnung festgestellt werden. Durch wahlweises Koppeln der einzelnen Getriebeglieder kann eine Vielzahl von Bauformen entwickelt werden [109].

Ferner wird nach der Anzahl der umlaufenden Glieder unterschieden:
Gewöhnliche Planetengetriebe haben nur ein Antriebs- und ein Abtriebsglied. Ein Glied wird immer festgehalten. Es läßt sich ein festes Übersetzungsverhältnis angeben.

Dagegen sind bei den *Verzweigungsgetrieben* alle drei Glieder – die beiden Sonnenräder und der Steg – um die Zentralachse drehbar.

Verzweigungsgetriebe, bei denen der Antrieb von zwei Gliedern aus erfolgt (Doppelantrieb), werden als *Summen- oder Überlagerungsgetriebe* bezeichnet. Die Drehzahl des Abtriebsgliedes ergibt sich aus der Überlagerung der beiden Antriebsdrehzahlen.

Differential- oder Ausgleichsgetriebe sind Verzweigungsgetriebe mit Doppelabtrieb. Sie haben nur ein angetriebenes Glied. Die Drehzahlen der beiden Abtriebsglieder sind dabei nicht eindeutig zu definieren. Sie hängen vielmehr davon ab, wie die beiden Abtriebswellen gekoppelt sind. Am bekanntesten sind die Kegelrad-Ausgleichsgetriebe in den Kraftfahrzeug-Hinterachsen. Die Kopplung der beiden Abtriebswellen erfolgt dabei durch den Reibungswiderstand der beiden Räder auf der Straße.

12. 6. 3. Übersetzung bei Planetengetrieben

Hier und in den beiden folgenden Abschnitten werden die nachstehenden Bezeichnungen verwendet:

d_p, d'_p Wälzkreisdurchmesser der Planetenräder, mm oder m
i_M Momentenübersetzung

i_S, i_P	Standgetriebe- bzw. Planetengetriebeübersetzung
N_{an}, N_{ab}	An-, bzw. Abtriebsleistung, PS
N_V, N_Z	Zahnverlust- bzw. Verzahnungsleistung, PS
n_1, n_3	Drehzahlen der Sonnenräder, U/min
n_2, n_{2P}	Drehzahl des Steges bzw. der Planetenräder, U/min
P_{12}	Zahnumfangskraft am Sonnenrad 1 bzw. Planetenrad 2, kp
v_Z, v'_Z	Wälzgeschwindigkeiten, m/s
z_1, z_3	Zähnezahlen der Sonnenräder
z_2, z'_2	Zähnezahlen der Planetenräder
η_S, η_P	Standgetriebe- bzw. Planetengetriebewirkungsgrad

Bei Standgetrieben ist die Übersetzung durch den Ausdruck

$$i_S = n_1/n_2 = \frac{\text{Antriebsdrehzahl}}{\text{Abtriebsdrehzahl}} \tag{12.12}$$

definiert. Beim Planetengetriebe stellt der drehbare Steg das verkümmerte Gehäuse eines Standgetriebes dar. Die Grundformel von WILLIS zur Bestimmung der Planetengetriebeübersetzung lautet:

$$i_S = \frac{n_{1rel}}{n_{3rel}} = \frac{n_1 - n_2}{n_3 - n_2} \tag{12.13}$$

Die Relativdrehzahlen n_1-n_2 bzw. n_3-n_2 sind die Drehzahlen der Wellen 1 und 3, die ein auf dem Steg 2 sitzender und mit der Drehzahl n_2 rotierender Beobachter messen würde. Die Größe i_S ist dabei die Standübersetzung des Planetengetriebes bei festgehaltenem Steg. Die tatsächliche Übersetzung i_P von Planetengetrieben mit Einzelantrieb ist durch das Verhältnis der Drehzahlen von Antriebs- zu Abtriebswelle gegeben. Bei Doppelantrieb ist die Abtriebsdrehzahl eine Funktion der beiden Antriebsdrehzahlen. Die Standübersetzung i_S ist gleichzeitig durch den folgenden Ausdruck bestimmt:

$$i_S = \frac{z_2 \cdot z_3}{z_1 \cdot z'_2} \tag{12.14}$$

Die richtige Ermittlung von i_S ist besonders wichtig. Die Zähnezahlen müssen in der richtigen Reihenfolge eingesetzt werden. Außerdem ist das Vorzeichen zu beachten. Es wird vom Aufbau des Getriebes und von der Verzahnungsart – Innen- oder Außenverzahnung – bestimmt.

Es gelten folgende Regeln:

1. Als erste Zähnezahl im Nenner von Gleichung 12.14 ist die Zähnezahl des Sonnenrades einzusetzen, dessen Drehzahl in der Drehzahlgleichung 12.13 mit n_1 angegeben wird.
2. Besteht ein Zahneingriff aus einem innen- und einem außenverzahnten Rad, so sind diese beiden Räder gleichläufig. Das Zähnezahlverhältnis für diesen Zahneingriff ist positiv (+) einzusetzen. Bei der Paarung zweier außenverzahnter Räder sind diese gegenläufig. Das Vorzeichen ist negativ (-).
   Eine Umkehrung der Drehrichtung und damit des Vorzeichens wird von einem Zwischenrad bewirkt. Die Übersetzung ändert sich dadurch nicht.
3. In die Grundformel Gleichung 12.13 sind die Antriebsdrehzahlen mit ihren Vorzeichen einzusetzen. Rechtsdrehung erhält positives, Linksdrehung negatives Vorzeichen.

Beispiel 1: Bestimmung der Übersetzung eines rückkehrenden Planetengetriebes nach Bild 12.18d bei verschiedenen Bewegungszuständen [74].
Gegeben: $z_1 = 36$; $z_2 = 24$; $z'_2 = 40$; $z_3 = 20$; Antriebsdrehzahl $n_1 = +400$ U/min.

Standübersetzung: $i_S = (-z_2/z_1) \cdot (-z_3/z'_2) = 24 \cdot 20/(36 \cdot 40) = 1/3$;

Bewegungszustand 1: Einzelantrieb; Abtrieb am Steg 2; Zahnrad 3 fest; $n_3 = 0$.
$i_S = (n_1 - n_2)/- n_2$;
Planetengetriebeübersetzung $i_P = n_1/n_2 = 1 - i_S = 2/3$.
Abtriebsdrehzahl $n_2 = 3 \cdot n_1/2 = +600$ U/min.
Es erfolgt also eine Übersetzung ins Schnelle!

Bewegungszustand 2: Einzelantrieb; Antriebs- und Gestellglied werden vertauscht; $n_1 = 0$; $n_3 = +400$ U/min.

$i_S = - n_2/(n_3 - n_2)$;
$i_P = n_3/ n_2 = 1 - 1/i_S = - 2$.
$n_2 = - n_3/2 = - 200$ U/min.
Die Abtriebsdrehzahl ist der Antriebsdrehzahl entgegengesetzt. Es erfolgt eine Übersetzung ins Langsame.

Bewegungszustand 3: Doppelantrieb; Welle 1 und der Steg 2 werden angetrieben. Gesucht ist die Abtriebsdrehzahl n_3.
$n_1 = + 400$ U/min; $n_2 = + 500$ U/min.
$i_S = (n_1 - n_2)/(n_3 - n_2)$;
$n_3 = 1/i_S \cdot [n_1 + n_2 \cdot (i_S - 1)] = 3 \cdot (+ 400 - 2 \cdot 500/3) = + 200$ U/min.

Übersetzung bei zusammengesetzten Planetengetrieben:

Bei zusammengesetzten Planetengetrieben ist mehr als ein Steg vorhanden, Bild 12.19. Sie werden zur Erzielung hoher Übersetzungen und in automatischen Schaltgetrieben eingesetzt, Bilder 12.21 und 12.22.

Zur Ermittlung der Übersetzung ist das Getriebe zunächst in Teilgetriebe zu unterteilen. Dabei werden sich in der Regel Bauformen nach Bild 12.18 mit den in der Tabelle 12.1 zusammengestellten Übersetzungen ergeben. Nachdem die Übersetzungen der Teilgetriebe bestimmt worden sind, kann mit Hilfe der Kopplungsbedingungen die Gesamtübersetzung ermittelt werden. Dies wird in dem folgenden Beispiel 2 gezeigt.

Beispiel 2: Zusammengesetztes Planetengetriebe nach Bild 12.19a. Antrieb am Sonnenrad 1A; Abtrieb am Steg 2B.

Teilgetriebe A: Antrieb durch Sonnenrad 1A; Abtrieb am Steg 2A; Gestell ist das Sonnenrad 3A.

1. $i_{SA} = - z_{3A}/z_{1A} = (n_{1A} - n_{2A})/- n_{2A}$; $n_{2A} = n_{1A}/(1 - i_{SA}) = n_{1A}/(1 + z_{3A}/z_{1A})$;

Teilgetriebe B: Antrieb durch die Sonnenräder 1B und 3B; Abtrieb am Steg 2B.

2. $i_{SB} = - z_{3B}/z_{1B} = (n_{1B} - n_{2B})/(n_{3B} - n_{2B})$;

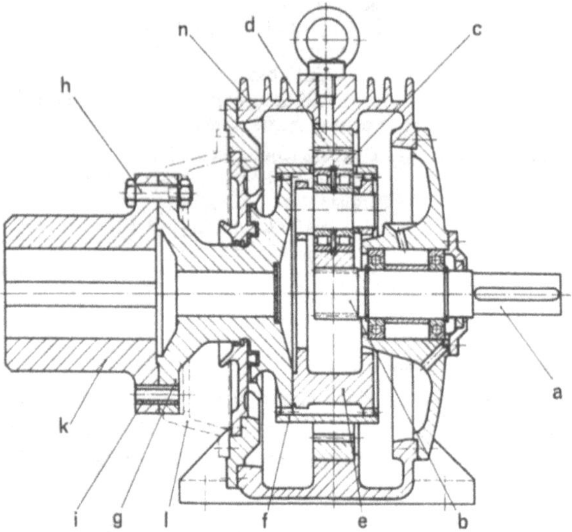

Bild 12.20: Einstufiges Planetengetriebe mit außengelagerter Abtriebswelle. (Hersteller: RHEINSTAHL Hüttenwerke AG.)
a Antriebswelle, b inneres Sonnenrad, c Planetenräder, d äußeres Sonnenrad, e Planetenradträger, f Kronenzahnkupplung, g Abtriebswelle, h Schrauben, i Spannhülsen, k Flanschnabe, l geteilter Zentrierring, m Gehäuse.
Übersetzung 2,8 bis 12,5; Antriebsdrehzahl 500 bis 1500 U/min; Leistung 6 bis 1600 PS je nach Ausführung und Abmessungen.

Zu diesen beiden Gleichungen kommen noch zwei Kopplungsbedingungen für die Gleichheit von Drehzahlen in den Teilgetrieben A und B:

3. $n_{1B} = n_{1A}$; 4. $n_{2A} = n_{3B}$;

Setzt man die Gleichungen 1, 3 und 4 in Gleichung 2 ein, so kann man die unbekannten Drehzahlen n_{1B}, n_{2A} und n_{3B} eliminieren und i_P ermitteln:

5. $-z_{3B}/z_{1B} = (n_{1A} - n_{2B})/[n_{1A}/(1 + z_{3A}/z_{1A}) - n_{2B}]$;

$i_P = n_{1A}/n_{2B} = (1 + z_{3B}/z_{1B})/[1 + (z_{3B}/z_{1B})/(1 + z_{3A}/z_{1A})]$

Die Planetengetriebeübersetzung kann auch mit anderen Verfahren bestimmt werden. Sehr verbreitet ist die ebenfalls rechnerische Methode nach SWAMP [75]. Für schnelle qualitative Analysen eignet sich das graphische Verfahren von KUTZBACH [76].

12. 6. 4. Bewegungszustände rückkehrender Planetengetriebe

Das Beispiel 1 im vorhergehenden Abschnitt hat bereits gezeigt, daß sich mit der gleichen Getriebebauform und mit den gleichen Abmessungen unterschiedliche Bewegungszustände erreichen lassen.

Ein gewöhnliches Planetengetriebe mit einem An- und einem Abtriebsglied, d. h. mit zwei bewegten und einem Gestellglied kann mit sechs verschiedenen Übersetzungsverhältnissen betrieben werden. Die Übersetzung und die Drehrichtung der Abtriebswelle hängt davon ab, welches der drei Glieder als Antrieb, Abtrieb oder Gestell benutzt wird. Die sich dadurch ergebenden Übersetzungen sind in Tabelle 12.1, Spalte 1–6 zusammengestellt. Bildet man den Steg als Gestell aus, so erhält man Standgetriebe, Spalten 1 und 2.

Verhindert man die Drehung der Planetenräder durch Kopplung mit dem Steg, so ist die Drehzahl aller drei Wellen gleich. Man erhält in diesem Fall, bei dem sich alle drei Glieder drehen können, eine Zahnkupplung, Spalte 7.

Weitere Bewegungszustände sind dadurch möglich, daß bei drei drehbaren Gliedern der Antrieb oder der Abtrieb jeweils von zwei Wellen aus erfolgt. Das sind die Verzweigungsgetriebe, Tabelle 12.1, Spalten 8–13. Bei den Überlagerungsgetrieben können durch gegenläufige Drehrichtung der beiden Antriebsglieder die Bewegungszustände noch zusätzlich variiert werden.

12. 6. 5. Wirkungsgrad und Verzahnungsleistung

Für die Beurteilung einer Planetengetriebe-Konstruktion und für die Auslegung der Zahnräder ist die Kenntnis von Planetengetriebe-Wirkungsgrad, Verzahnungsleistung und Wälzgeschwindigkeit unbedingt

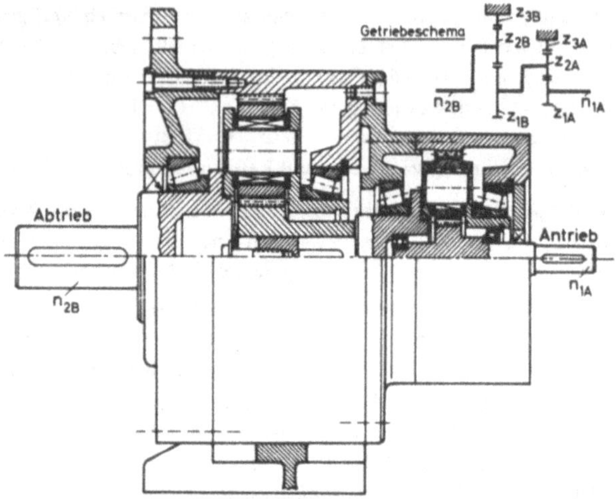

Bild 12.21: Zweistufiges Planetengetriebe. (Hersteller: Fa. DESCH, Neheim-Hüsten.) Übersetzung i = 16. Übersetzungsgleichung:

$$n_{1A}/n_{2B} = (1 + \frac{Z_{3A}}{Z_{1B}})$$

erforderlich. Diese Größen unterscheiden sich grundsätzlich von den entsprechenden Größen bei Standgetrieben.

Planetengetriebe-Wirkungsgrad:

Der Wirkungsgrad eines Planetengetriebes ist nicht nur von der Höhe der Verzahnungsverluste, sondern auch vom Bewegungszustand und damit vom Übersetzungsverhältnis abhängig. Er ist wie folgt definiert:

$$\eta_P = \frac{N_{ab}}{N_{an}} = \frac{\text{Abtriebsleistung}}{\text{Antriebsleistung}} \quad (12.15)$$

Führt man die Zahnverlustleistung N_V ein, so kann Gleichung 12.15 auch geschrieben werden:

$$\eta_P = N_{ab}/(N_{ab} + N_V) \quad (12.16)$$

Tabelle 12.1: Bewegungszustände und Übersetzungen ei rückkehrender Umlaufrädergetriebe nach Bild 12.18.
i_S = Standübersetzung i_P = Planetengetriebeübersetzung

Bewegungszustand	Getriebeart	Antrieb	Abtrieb	Gestell	Allgemeine Übersetzungsgleichung i_P	
1	Standgetriebe	1	3	2	$\frac{n_1}{n_3} = i_s$	
2		3	1		$\frac{n_3}{n_1} = \frac{1}{i_s}$	
3	Planetengetriebe Einzelantrieb	1	2	3	$\frac{n_1}{n_2} = 1 - i_s$	
4		2	1		$\frac{n_2}{n_1} = \frac{1}{1 - i_s}$	
5		2	3	1	$\frac{n_2}{n_3} = \frac{1}{1 - \frac{1}{i_s}}$	
6		3	2		$\frac{n_3}{n_2} = 1 - \frac{1}{i_s}$	
7	Kupplung	Planeten im Steg festgestellt			←	
8**)	Verzweigungsgetriebe Doppelantrieb Überlagerungsgetriebe	1 2	3	alle drei Glieder laufen um	$n_3 = \frac{1}{i_s}\,[n_1 + n_2\,(i_s - 1)]$	$= \frac{z_1}{z_3}$
9**)		1 3	2		$n_2 = \frac{1}{1 - i_s}\,(n_1 - n_3 \cdot i_s)$	$= \frac{1}{1 +}$
10**)		2 3	1		$n_1 = n_2\,(1 - i_s) + n_3 \cdot i_s$	$= n_2$
11	Doppelabtrieb Ausgleichsgetriebe	1	2 3			Abtriebs
12		2	1 3			
13		3	1 2			

*) Typen b) und d) sind nur in den Übersetzungsgleichung tisch, nicht aber im Wirkungsgrad. Der Wirkungsgrad triebetypes b) liegt günstiger.

**) Gleichungen gelten für gleichläufigen Antrieb.

er,

Übersetzungsgleichungen für Getriebetypen nach Bild 12.18

	b) d) *)	c)
$\frac{z_3}{z_1}$	$i_s = \frac{z_2 \cdot z_3}{z_1 \cdot z_2'}$	$i_s = -\frac{z_2 \cdot z_3}{z_1 \cdot z_2'}$
$\frac{z_3}{z_1}$	$i_P = \frac{z_2 \cdot z_3}{z_1 \cdot z_2'}$	$i_P = -\frac{z_2 \cdot z_3}{z_1 \cdot z_2'}$
$\frac{z_1}{z_3}$	$= \frac{z_1 \cdot z_2'}{z_2 \cdot z_3}$	$= -\frac{z_1 \cdot z_2'}{z_2 \cdot z_3}$
$+ \frac{z_3}{z_1}$	$= 1 - \frac{z_2 \cdot z_3}{z_1 \cdot z_2'}$	$= 1 + \frac{z_2 \cdot z_3}{z_1 \cdot z_2'}$
$\frac{1}{+ \frac{z_3}{z_1}}$	$= \frac{1}{1 - \frac{z_2 \cdot z_3}{z_1 \cdot z_2'}}$	$= \frac{1}{1 + \frac{z_2 \cdot z_3}{z_1 \cdot z_2'}}$
$\frac{1}{+ \frac{z_1}{z_3}}$	$= \frac{1}{1 - \frac{z_1 \cdot z_2'}{z_2 \cdot z_3}}$	$= \frac{1}{1 + \frac{z_1 \cdot z_2'}{z_2 \cdot z_3}}$
$+ \frac{z_1}{z_3}$	$= 1 - \frac{z_1 \cdot z_2'}{z_2 \cdot z_3}$	$= 1 + \frac{z_1 \cdot z_2'}{z_2 \cdot z_3}$
— $n_1 = n_2 = n_3$ ——→		
$+ 1) - n_1]$	$= \frac{z_1 \cdot z_2'}{z_2 \cdot z_3} \left[n_1 + n_2 \left(\frac{z_2 \cdot z_3}{z_1 \cdot z_2'} - 1\right)\right]$	$= \frac{z_1 \cdot z_2'}{z_2 \cdot z_3} \left[n_2 \left(\frac{z_2 \cdot z_3}{z_1 \cdot z_2'} + 1\right) - n_1\right]$
$+ n_3 \frac{z_3}{z_1})$	$= \frac{1}{1 - \frac{z_2 \cdot z_3}{z_1 \cdot z_2'}} \left(n_1 - n_3 \frac{z_2 \cdot z_3}{z_1 \cdot z_2'}\right)$	$= \frac{1}{1 + \frac{z_2 \cdot z_3}{z_1 \cdot z_2'}} \left(n_1 + n_3 \frac{z_2 \cdot z_3}{z_1 \cdot z_2'}\right)$
$) - n_3 \frac{z_3}{z_1}$	$= n_2 \left(1 - \frac{z_2 \cdot z_3}{z_1 \cdot z_2'}\right) + n_3 \frac{z_2 \cdot z_3}{z_1 \cdot z_2'}$	$= n_2 \left(1 + \frac{z_2 \cdot z_3}{z_1 \cdot z_2'}\right) - n_3 \frac{z_2 \cdot z_3}{z_1 \cdot z_2'}$

den werden erst durch die Art der Kopplung

eiden Abtriebsglieder bestimmt

n-
e-

Die Größe von N_V ergibt sich aus der Verzahnungsleistung N_Z und dem Standwirkungsgrad η_S:

$$\eta_S = \eta_1 \cdot \eta_2 \cdot \eta_n = (N_Z - N_V)/N_Z \tag{12.17}$$

$$N_V = N_Z \cdot (1 - \eta_S) \tag{12.18}$$

Der Standwirkungsgrad η_S ist der Wirkungsgrad des bei festgehaltenem Steg als Standgetriebe arbeitenden Planetengetriebes. Er ist das Produkt der Wirkungsgrade η_1, η_2, η_n der verschiedenen Zahneingriffe. Er liegt in der Größenordnung von 96–99%.

Aus den Gleichungen 12.16 und 12.18 ergibt sich:

$$\eta_P = N_{ab}/[N_{ab} + N_Z\,(1 - \eta_S)] = 1/[1 + |N_Z/N_{ab}| \cdot (1 - \eta_S)] \tag{12.19}$$

Für rückkehrende Planetengetriebe mit Einzelantrieb gibt SEELIGER [77] folgende einfache Gleichung zur Bestimmung von η_P an:

$$\eta_P = i_M/i_P \tag{12.20}$$

Die Größe i_M, die als Momentenübersetzung bezeichnet wird, erhält man aus der Gleichung für die Planetengetriebeübersetzung i_P, Tabelle 12.1, in der Weise, daß man die darin vorkommende Standübersetzung i_S je nach der Richtung des Leistungsflusses im Getriebe entweder durch den Ausdruck $i_S \cdot \eta_S$ oder i_S/η_S ersetzt. Da η_P stets kleiner als 1,0 sein muß, braucht die Richtung des Leistungsflusses nicht ermittelt zu werden. Vielmehr ersetzt man i_S einmal durch $i_S \cdot \eta_S$ und dann durch i_S/η_S. Der Ausdruck für i_M ist der Richtige, bei dem $\eta_P < 1{,}0$ wird.

Bei Getrieben mit Doppelantrieb muß zur Bestimmung des Wirkungsgrades die Verzahnungsleistung, die ja auch für die Auslegung benötigt wird, berechnet werden.

Verzahnungsleistung:
Sie wird auch als Wälz- oder Zahnübertragungsleistung bezeichnet. Im Gegensatz zu Standgetrieben ist bei Planetengetrieben die von der Verzahnung zu übertragende Leistung ***nie gleich*** der Antriebsleistung.

Bei gewöhnlichen Planetengetrieben treten stets dreierlei Leistungen auf:

1. Äußere oder Antriebs-Leistung N_{an}
2. Verzahnungsleistung N_Z
3. Kupplungs- oder Stegmitnahmeleistung N_K. Sie wird vom Steg durch einfaches Mitnehmen der Zähne übertragen. Grenzfall: Die Planetenräder werden fest mit dem Steg verbunden. Das Getriebe läuft dann als Zahnkupplung, Tabelle 12.1, Spalte 7.

Die Summe aller drei Leistungen muß Null sein:

$$N_{an} + N_Z + N_K = 0 \tag{12.21}$$

Bei einem einfachen Planetengetriebe können somit je nach Übersetzung bzw. Bewegungszustand die folgenden beiden Fälle auftreten:

1. Die Verzahnungsleistung ist kleiner als die Antriebsleistung. Ein Teil der Leistung wird dann als Kupplungsleistung, die nicht mit Verlusten behaftet ist, übertragen.
   Der Gesamtwirkungsgrad η_P des Umlaufrädergetriebes ist höher als der des Standgetriebes gleicher Bauform.
2. Die Verzahnungsleistung ist größer als die Antriebsleistung. Der Gesamtwirkungsgrad ist schlechter als der des Standgetriebes. Er kann sogar so niedrig werden (η_P = 0,5 - 0), daß ein solches Getriebe nicht als Leistungsgetriebe ausgeführt werden kann, selbst wenn es eine günstige konstruktive Ausführung und ein geeignetes Übersetzungsverhältnis aufweist. Da der Standwirkungsgrad auch bei bester Fertigungsgenauigkeit immer kleiner als 1,0 ist, kann ein Planetengetriebe sogar selbsthemmend sein. Man kann sich die Tatsache, daß die Verzahnungsleistung größer als die Antriebsleistung werden kann, wie folgt erklären: Auf Grund der statischen Gleichgewichtsbedingung muß die am Antriebs- und am Planetenrad wirkende Zahnkraft gleich sein. Es sind aber Bewegungszustände möglich, bei denen die Wälzgeschwindigkeit v_Z des Planetenrades größer als die Umfangsgeschwindigkeit v_1 des Antriebsrades ist. Nachdem die Leistung das Produkt aus Kraft und Geschwindigkeit ist, kann die $N_Z > N_{an}$ werden.

Bei der Festigkeitsberechnung der Zahnräder ist daher immer von der Verzahnungsleistung N_Z und der Wälzgeschwindigkeit v_Z auszugehen. Dabei ist noch zu beachten, auf wieviel Planetenräder die Leistung aufgeteilt wird. Die Verzahnungsleistung berechnet sich wie folgt:

$$N_Z = P_{12} \cdot v_Z/75 \text{ (PS)} \tag{12.22}$$

Oder aus Gleichung 12.19

$$N_Z = N_{an} \cdot (1 - \eta_P)/(1 - \eta_S) = N_{ab} \cdot \eta_P \cdot (1 - \eta_P)/(1 - \eta_S) \text{ (PS)} \tag{12.23}$$

Die Wälzgeschwindigkeit des mit dem Antriebsrad kämmenden Planetenrades ergibt sich aus

$$v_Z = d_P \cdot \pi \cdot n_{2P}/60 \text{ (m/s)} \tag{12.24}$$

und die Planetenräderdrehzahl aus

$$n_{2P} = z_1/z_2 \cdot (n_1 - n_2) \text{ (U/min)} \tag{12.25}$$

Dabei sind die Drehzahlen und das Zähnezahlverhältnis z_1/z_2 unter Berücksichtigung der Vorzeichen nach Abschnitt 12.6.3. einzusetzen.

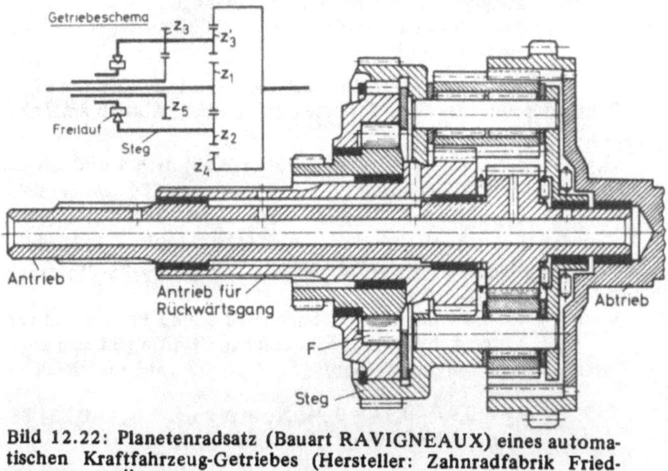

Bild 12.22: Planetenradsatz (Bauart RAVIGNEAUX) eines automatischen Kraftfahrzeug-Getriebes (Hersteller: Zahnradfabrik Friedrichshafen). Übersetzungen: 1. Gang 2,56; 2. Gang 1,52; 3. Gang 1,0; Rückwärtsgang 2,0. Das Getriebe ist ohne Schaltelemente dargestellt! Rad z_2 kämmt über ein hier nicht gezeichnetes Zwischenrad mit z_4.

Die folgenden beiden Beispiele nach [74] erläutern die Anwendung der Gleichungen.

Beispiel 3: Planetengetriebe nach Bild 12.17a; Antrieb am Sonnenrad 1; Abtrieb am Steg 2; Gestell ist das Sonnenrad 3.

Gegeben: $z_1 = 38$; $z_2 = 13$; $z_3 = 64$; Antriebsleistung $N_{an} = 1{,}36$ PS; Antriebsdrehzahl $n_1 = +1500$ U/min; ein Planetenrad am Steg; $\eta_1 = 0{,}97$; $\eta_2 = 0{,}98$.

Gesucht: $i_S = -z_3/z_1 = -1{,}6842$; nach Tabelle 12.1 $i_P = 1 - i_S = 1 + z_3/z_1 = 2{,}6842$; $n_2 = n_1/2{,}6842 = +558{,}824$ U/min; $n_{2P} = z_1/z_2 \cdot (n_1 - n_2) = -38/13 \cdot (+1500 - 558{,}824) = -2751{,}13$ U/min; $\eta_P = i_M/i_S$;
$i_{MI} = 1 + z_3/(z_1 \cdot \eta_S) = 2{,}772 > i_P$; damit $\eta_P > 1{,}0$; der Leistungsfluß wurde falsch angenommen;
$i_{MII} = 1 + z_3/z_1 \cdot \eta_S = 2{,}601 < i_P$; damit $\eta_P < 1{,}0$; der Leistungsfluß stimmt!
$\eta_P = 2{,}601/2{,}6842 = 0{,}969$; der Planetengetriebewirkungsgrad ist besser als der des Standgetriebes!
$N_Z = N_{an} \cdot (1 - \eta_P)/(1 - \eta_S) = 0{,}6275 \cdot N_{an} = 0{,}85$ PS;
$v_Z = -144{,}049 \cdot d_P$ m/s.

Beispiel 4: Planetengetriebe nach Bild 12.18d; Doppelantrieb; Zahnrad 1 und der Steg 2 werden angetrieben; Abtrieb am Zahnrad 3.

Gegeben: $z_1 = 36$; $z_2 = 24$; $z_2' = 40$; $z_3 = 20$; $n_1 = +400$ U/min; $n_2 = +500$ U/min; $i_S = +1/3$; $n_3 = +200$ U/min (siehe Beispiel 1, Abschn. 12.6.3.); $\eta_1 = \eta_2 = 0{,}97$; $N_{an} = 13{,}6$ PS.

Gesucht: $n_{2P} = z_1/z_2 \cdot (n_1 - n_2) = -36/24\ (-100) = +150$ U/min; $N_{an} = P_{12} \cdot v_1/75$ PS; $N_Z = P_{12} \cdot v_Z/75$ PS; daraus $N_Z/N_{an} = v_Z/v_1$;
die Durchmesser von Sonnenrad 1 und Planetenrad verhalten sich wie ihre Zähnezahlen; damit ergibt sich $N_Z = N_{an} \cdot (z_2/z_1) \cdot (n_{2P}/n_1) = N_{an} \cdot (24/36) \cdot (150/400) = 0{,}25 \cdot N_{an} = 3{,}4$ PS;
$\eta_S = 0{,}97 \cdot 0{,}97 = 0{,}94$; $N_V = N_Z \cdot (1 - \eta_S) = 0{,}204$ PS;
$\eta_P = (13{,}6 - 0{,}204)/13{,}6 = 0{,}985$.

Ausgeführte Planetengetriebe zeigen die Bilder 12.20, 12.21 und 12.22.

Weiteres Schrifttum zu Abschnitt 12.6.: [78–85].

12. 7. Zahnräder mit ungleichförmiger Übersetzung:

Zahnräder mit nicht kreisförmigen Wälzbahnen wandeln eine gleichförmige Antriebsbewegung mit der Winkelgeschwindigkeit ω_1 in eine Abtriebsbewegung mit ungleichförmiger Winkelgeschwindigkeit ω_2 um. Häufig werden die beiden folgenden Getriebe ausgeführt:

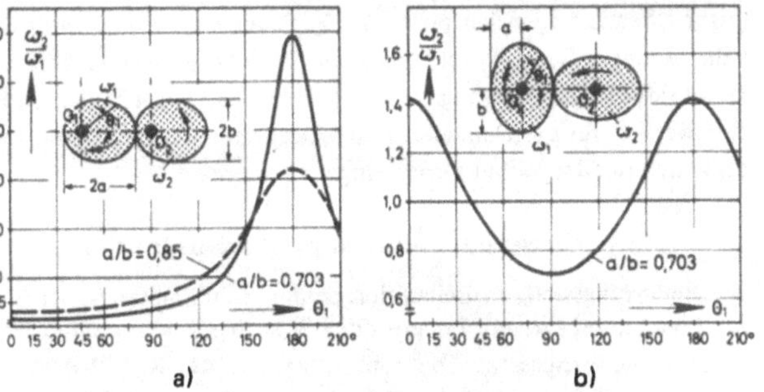

Bild 12.23: Zahnräder mit ungleichförmiger Übersetzung.
a) Zwei Ellipsen, die um einen Brennpunkt rotieren
b) Ellipsen 2. Ordnung, die um ihren Mittelpunkt rotieren.

Das Getriebe in Bild 12.23a besteht aus zwei gleich großen *Ellipsenrädern* mit den Halbachsen a und b, die in einem ihrer beiden Brennpunkte O_1 und O_2 drehbar gelagert sind. Während einer Umdrehung ist das augenblickliche Übersetzungsverhältnis $i_a = \omega_2/\omega_1$ periodischen Schwankungen unterworfen, Bild 12.23a. Das Drehzahlverhältnis für eine volle Umdrehung ist gleich 1,0. Siehe auch Abschnitt 6.3.5. "Antiparallelkurbeln" und Bild 6.14.

Die Wälzbahnen der *Ovalräder* in Bild 12.23b sind Ellipsen 2. Ordnung. Die beiden gleich großen Räder drehen sich um die Mittelpunkte O_1 und O_2. Während einer Umdrehung durchläuft die augenblickliche Übersetzung i_a zwei volle Schwankungszyklen. Ovalräder haben eine geringere Ungleichförmigkeit und eine kleinere Unwucht als Ellipsenräder.

Eine weitere Bauart stellt die Kombination eines kreisrunden, aber exzentrisch gelagerten Stirnrades mit einem unrunden Gegenrad dar [64].

Es können auch *Radsegmente* mit logarithmischen, sinus- oder hyperbelförmigen Wälzbahnen hergestellt werden [33, 34].

Anwendungsgebiete solcher Zahnräder sind: Erzielung ungleichförmiger Übersetzungen beispielsweise in Druckerei-, Hobel- oder Wickelmaschinen; Getriebe mit schnellem Rückgang; Ovalradzähler zur Durchflußmengen-Messung. Ferner werden sie in mechanischen Rechenwerken für die Darstellung von Quadraten, Logarithmen, Quadratwurzeln oder e-Funktionen eingesetzt.

12. 8. Hinweise zur Auslegung von Zahnradgetrieben

Die Berührungsstelle zwischen den beiden Zahnflanken ist als höheres Elementenpaar mit Linien- oder Punktberührung großen Beanspruchungen ausgesetzt. Die vom Ritzel auf das Rad übertragbare Leistung wird begrenzt durch Grübchenbildung, Zahnfußdauerbruch oder Freßverschleiß [11], bei Schneckengetrieben auch durch zu starke Erwärmung. Leistungsgetriebe sind daher immer so auszulegen, daß die entsprechenden Grenzbelastungen nicht überschritten werden [11, 60, 86].

Durch eine geeignete Wahl der Getriebegröße, der Zahnform, des Zahnradwerkstoffes und seiner Wärmebehandlung, sowie des Schmierstoffes kann dies erreicht werden.

Die Anforderungen an die Genauigkeit der Verzahnungen und der Lagerbohrungen im Getriebegehäuse, sowie an die Steifigkeit des Gehäuses sind bei Zahnradgetrieben sehr hoch. Eingriffsteilungs- und Evolventenformfehler führen zu einer ungleichförmigen Winkelübertragung zwischen Ritzel und Rad. Dadurch und durch die elastische Verformung der Zähne unter Last können bei schnellaufenden Getrieben Schwingungen, die zu dynamischen Zusatzkräften und großer Lautstärke führen, angeregt werden.

Besonders ist auf einen kleinen Zahnrichtungsfehler (Schrägungswinkelfehler) zu achten. Zahnrichtungsfehler bedingen eine ungleiche Lastverteilung über die Zahnbreite und damit hohe örtliche Überlastungen der Zahnflanke.

13. Riementriebe

Riementriebe sind kraftschlüssige Zugmittelgetriebe. Die Umfangskraft U wird durch Reibung zwischen Scheibe und Riemen übertragen. Hierzu ist eine Anpreßkraft erforderlich. Sie wird durch Vorspannung des Riemens erzeugt. Nach dem Querschnitt des Riemens unterscheidet man Flach-, Keil- und Rundriemen, Bild 13.1. Beim Keilriemen ist die erforderliche Vorspannkraft geringer, da die Reibkraft durch die Keilform erhöht wird. Der Wirkungsgrad von Riementrieben liegt bei 95 bis 98%.

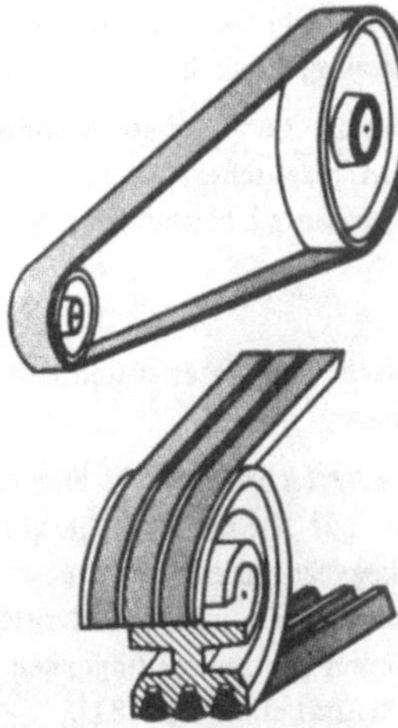

Bild 13.1: Flach- und Keilriementrieb.

13. 1. Anwendungsbereich. Vor- und Nachteile

Flachriemen lassen sich bei parallelen, sich schneidenden und sich kreuzenden Wellen einsetzen, Bild 13.11. Übersetzung bis 5 normal, mit Hochleistungsriemen und mit Selbstspannung bis i = 10 möglich. Flachriementriebe bisher ausgeführt bis 2.200 PS, bis 17.500 mkp Drehmoment an der großen Scheibe, bis 5.000 kp Umfangskraft bei 1.750 mm Breite, bis 18.000 U/min und bis 90 m/s Umfangsgeschwindigkeit.

Keilriementriebe werden vorwiegend für die Leistungsübertragung zwischen parallelen oder schwach gekreuzten Wellen eingesetzt. Übersetzung bis i = 8 üblich, bis 15 möglich. Bisher ausgeführt bis 1.500 PS, bis 2.150 mkp Drehmoment an der großen Scheibe, bis 44 Riemenstränge und bis 26 m/s Umfangsgeschwindigkeit.

Vorteile: Preis gegenüber Zahnrad- und Kettentrieben geringer; elastischer, stoßdämpfender und geräuscharmer Lauf; Lage der Achsen bei Flach- und Rundriemen beliebig; stufenlose Änderung der Übersetzung möglich.

Nachteile: Größere Abmessungen und geringere Lebensdauer; wegen plastischer Dehnung öfteres Nachspannen erforderlich; keine konstante Übersetzung wegen "Dehnschlupf" möglich.

13. 2. Riemenarten

Nach dem Material und dem Querschnitt der Riemen unterscheidet man:

Lederflachriemen: Je kleiner der Scheibendurchmesser im Verhältnis zur Riemendicke, je höher die Riemengeschwindigkeit und die Biegehäufigkeit, desto geschmeidiger und spezifisch leichter muß das Leder sein. Die Lederdicke liegt bei 3–6 mm. Für die verschiedenen Betriebsbedingungen werden Lederarten unterschiedlicher Qualität eingesetzt [87].

Kunststoff-Verbundriemen: Das Zugband aus Nylon besteht aus einer oder mehreren Schichten von je 0,5 bis 1,0 mm Dicke. Die Laufseite wird mit einer Reibauflage aus Chromspaltleder, die Außenseite mit einer Textilauflage versehen. Diese Flachriemen zeichnen sich durch hohe Biegsamkeit, große Zerreißfestigkeit und hohen Reibwert aus. Sie sind praktisch ohne bleibende Dehnung, gut geeignet für die Übertragung großer Kräfte, für hohe Umfangsgeschwindigkeiten und für große Übersetzungen bei gleichzeitig geringem Platzbedarf. Sehr bekannt ist der SIEGLING-EXTREMULTUS Kunststoff-Verbundriemen.

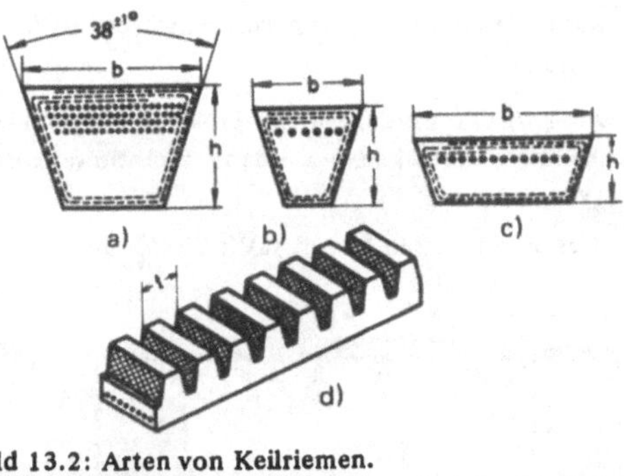

Bild 13.2: Arten von Keilriemen.
a) Normalkeilriemen b) Schmal- und c) Breitkeilriemen
d) Breitkeilriemen mit Flachzahnprofil.

Keilriemen: Sie haben Trapezquerschnitt mit einem Keilwinkel von 35–39°, Bild 13.2. Das Höhe-Breite-Verhältnis h/b beträgt bei den Normalkeilriemen 1:1,6, bei Schmalkeilriemen 1:1,15 und bei Breitkeilriemen 1:5. Schmalkeilriemen sind spezifisch höher belastbar und haben durch ihr kleineres Volumen eine höhere Grenzdrehzahl und eine geringere Erwärmung (Verformungsarbeit!). Breitkeilriemen werden für stufenlos regelbare Getriebe verwendet. Der Vorteil des Breitkeilriemens mit Flachzahnprofil besteht in der Möglichkeit, kleinere Scheibendurchmesser zu verwenden.

Die meist üblichen endlosen Keilriemen bestehen im oberen Teil des Querschnittes aus einem gummierten Kordfadenpaket als Zugorgan und im unteren Teil aus einem Gummipolster. Das Ganze wird mit einem diagonal geschnittenen Kreuzgewebe umwickelt und dann auf Trommeln, deren Umfang der Riemenlänge entspricht, vulkanisiert. Keilriemen sind weitgehend genormt [88].

Zahnriemen: Sie arbeiten formschlüssig. Die Riemen laufen auf verzahnten Scheiben. Diese Riemen werden aus Kunststoff und Nylongewebe hergestellt. Sie gestatten eine kleine Bauweise, haben geringen Schlupf und benötigen nur eine niedrige Vorspannung. Solche Riemen werden zum Antrieb von Nockenwellen in Verbrennungsmotoren benutzt.

Stahlbandriemen: Sie werden nur für große Achsabstände von 7 bis 100 m eingesetzt. Die Scheiben werden mit einem reibungserhöhenden Belag versehen.

Außer diesen Riemenarten gibt es noch *Textil-* und *Gummiriemen.*

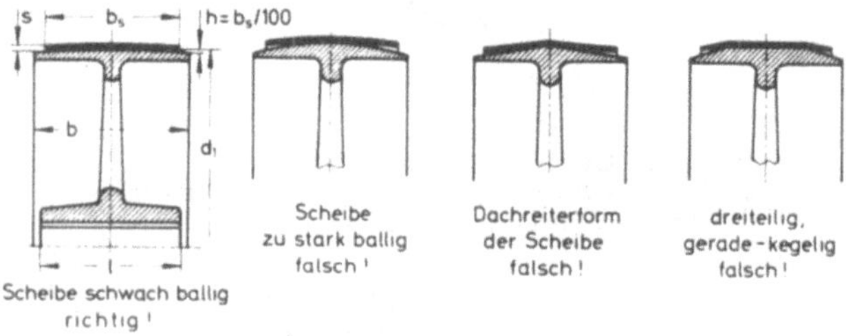

Bild 13.3: Ausführung von Flachriemenscheiben. Richtige Ausbildung der Scheibenwölbung.

13. 3. Riemenscheiben

Riemenscheiben bestehen aus Gußeisen, Aluminium, geschweißtem Stahlblech oder aus Holz. Größere Scheiben werden zweiteilig ausgeführt. Die Abmessungen von Flach- und Keilriemenscheiben, wie

Durchmesser und Kranzbreite, sind genormt [89], Bilder 13.3 und 13.4. Der Durchmesser der Keilriemenscheiben soll mit Rücksicht auf die Lebensdauer bestimmte Mindestwerte nicht unterschreiten. Bei Flachriementrieben soll zur besseren Führung des Riemens die getriebene Scheibe ballig ausgeführt werden, Bild 13.3. Auf eine richtige Form dieser Balligkeit, sowie auf eine glatte Lauffläche ist im Interesse einer Riemenschonung zu achten.

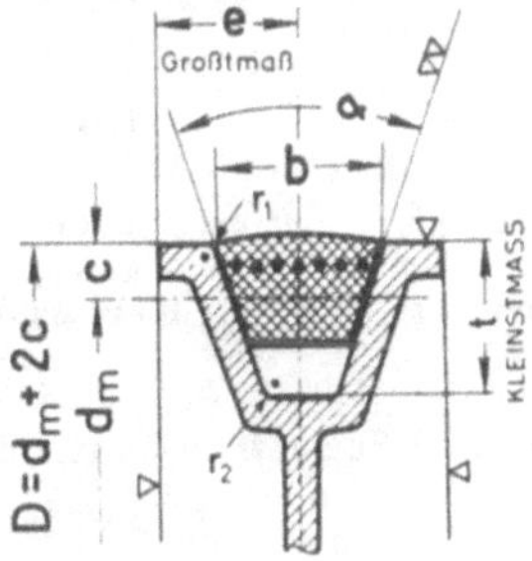

Bild 13.4: Wichtige Abmessungen einer Keilriemenscheibe.

13. 4. Kräfte, Spannungen und Schlupf beim Flachriementrieb

Der auf die treibende Scheibe zulaufende Teil des Riemens wird als Last- oder Arbeitstrum, der von ihr weglaufende Teil als Leertrum bezeichnet, Bild 13.5. Das Verhältnis der beiden Trumkräfte S_1 und S_2 ist durch die EYTELWEINsche Gleichung bestimmt.

$$S_1/S_2 = m = e^{\mu \cdot \alpha} \tag{13.1}$$

mit α als Umschlingungswinkel und μ als Reibwert zwischen Riemen und Scheibe.

Ist U die vom Riementrieb zu übertragende Umfangskraft, die aus Leistung und Antriebsdrehzahl berechnet werden kann, so ergibt sich die Zugkraft im Arbeitstrum zu

$$S_1 = S_2 + U = m \cdot S_2 = m/(m-1) \cdot U \ \text{(kp)} \tag{13.2}$$

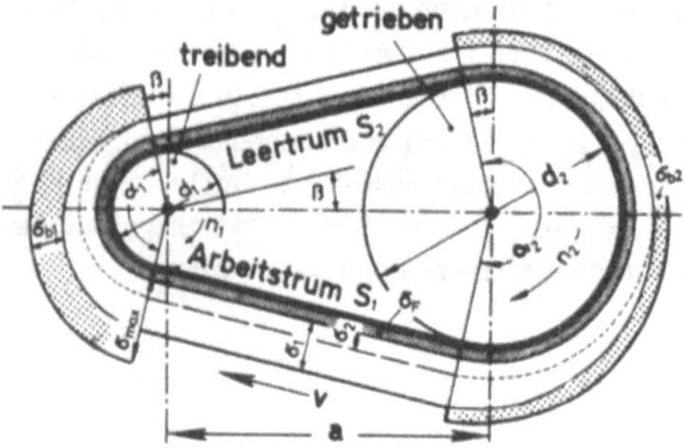

Bild 13.5: Riemenspannungen im offenen Trieb. Nach [11].
σ_F Fliehkraftspannung, σ_1 Lasttrum-Spannung, σ_2 Leertrum-Spannung, σ_{b1} und σ_{b2} Biegespannungen am Rad 1 bzw. 2.

und die Zugkraft im Leertrum zu

$$S_2 = S_1 - U = 1/(m - 1) \cdot U \quad \text{(kp)} \tag{13.3}$$

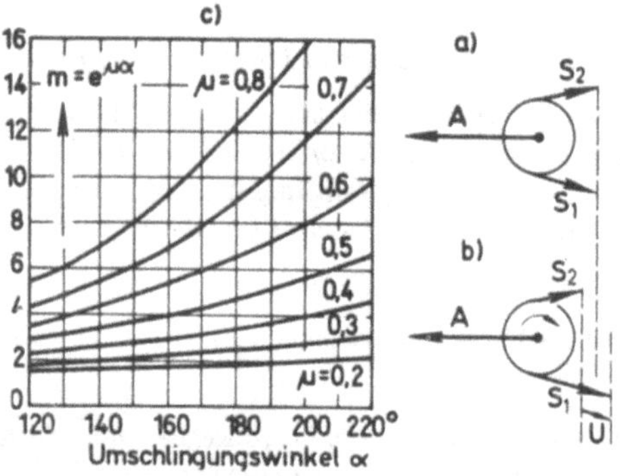

Bild 13.6:
a) Trumkräfte bei unbelastetem b) bei belastetem Riemen
c) Trumkraftverhältnis m bei Flachriementrieben abhängig von Reibwert μ und Umschlingungswinkel α.

Bild 13.6 veranschaulicht, daß das Trumkraftverhältnis stark mit dem Reibwert μ und dem Umschlingungswinkel a ansteigt. Ist also die Umfangskraft gegeben, so sind die Trumkräfte und damit die erforderliche Achskraft A um so kleiner, je größer μ und a sind.

Die Achskraft ergibt sich aus der geometrischen Addition der beiden Trumkräfte:

$$A = \overline{S_1 + S_2} = \sqrt{S_1^2 + S_2^2 - S_1 \cdot S_2 \cdot \cos a} \quad \text{(kp)} \qquad (13.4)$$

Die *Spannungen im Riemen* setzen sich aus den drei folgenden Anteilen zusammen:

1. Zugspannung aus den Trumkräften
2. Biegespannung beim Lauf über die Scheiben
3. Zugspannung aus der Fliehkraft

Der Verlauf dieser Spannungen über dem Riemenumfang ist in Bild 13.5 dargestellt. Die größte Riemenspannung σ_{max} tritt da auf, wo das Arbeitstrum auf die kleine Scheibe aufläuft.

Riemenschlupf: Der Riemen hat im Arbeitstrum eine hohe Spannung und eine entsprechend große Dehnung, im Leertrum eine geringere Spannung und eine kleinere Dehnung. Beim Übergang über die getriebene Scheibe längt sich der Riemen, während er sich über der treibenden Scheibe zusammenzieht. Hierauf ist der *Dehnschlupf* zurückzuführen. Man unterscheidet davon den *Gleitschlupf,* wenn der Riemen infolge einer Überlastung auf der Scheibe zu gleiten beginnt.

13. 5. Vorspannung des Riemens

Die zur Leistungsübertragung notwendige Achskraft A kann auf verschiedene Arten erzeugt werden:

1. *Eigengewicht des Riemens:* Diese Art der Vorspannung kann erst bei Achsabständen über 5 m verwendet werden.
2. *Riemenkürzung:* Bei festem Achsabstand wird der Riemen gegenüber der berechneten Länge etwas gekürzt.

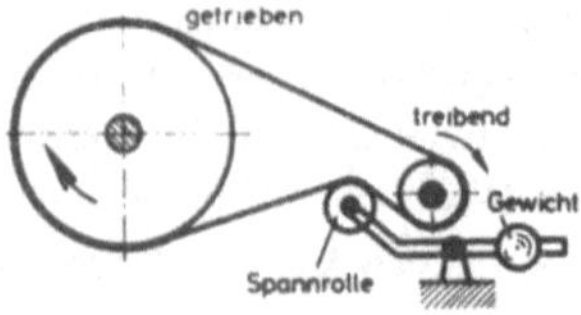

Bild 13.7: Vorspannung des Riemens durch Anordnung einer Spannrolle im Leertrum. Siehe auch Bild 13.10b.

3. *Anordnung einer Spannrolle im Leertrum:* Spannrollen werden im Leertrum nahe der kleinen Scheibe angebracht, Bild 13.7. Durch Feder- oder Gewichtsbelastung der Spannrolle kann die erforderliche Achskraft genau eingestellt werden. Die Zugkraft S_2 im Leertrum ist unabhängig von der Umfangskraft U, Bild 13.10b. Die Spannrolle vergrößert den Umschlingungswinkel α. Die erforderliche Achskraft und damit die Lagerkräfte werden dadurch geringer. Der Durchmesser der Spannrolle soll etwa dem der kleinen Scheibe entsprechen.

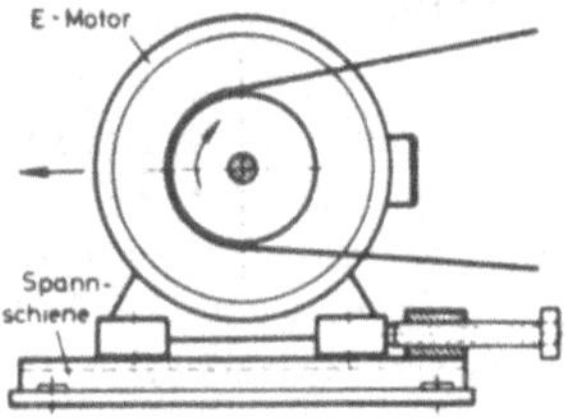

Bild 13.8: Vorspannung des Riemens durch Veränderung des Achsabstandes. Aufstellung des Antriebsmotors auf zwei Spannschienen. Siehe auch Bild 13.10a.

4. *Veränderung des Achsabstandes mittels Spannschiene:* Hierzu wird der Antriebsmotor auf zwei Spannschienen gestellt, Bild 13.8. Nach dem Auflegen vergrößert man dann den Achsabstand.
5. *Selbstspannung:* Solche Antriebe sind durch eine exzentrische Lagerung der Antriebsscheibe oder des Antriebsmotors gekennzeichnet, Bild 13.9. Das Reaktionsmoment wird zur Selbstspannung ausgenutzt. Gegenüber den anderen Möglichkeiten der Riemenspannung hat diese Art folgende Vorteile: Es wird eine lastabhängige Vorspannung, ähnlich wie beim Reibradantrieb,

Abschnitt 11.2., erreicht. Die Sicherheit gegen Durchrutschen ist annähernd bei allen Belastungen gleich. Die zulässigen Umfangskräfte und damit die übertragbare Leistung sind größer.

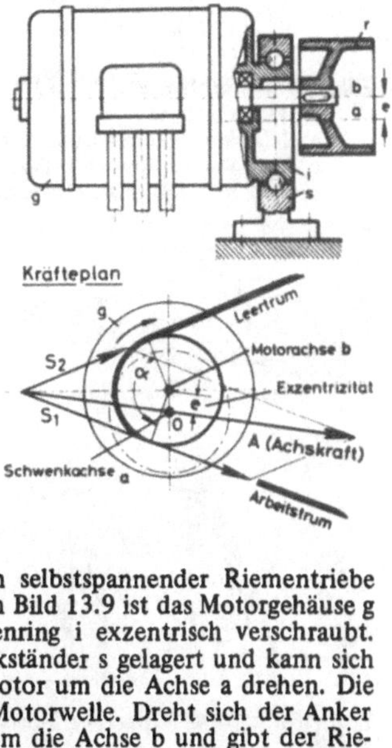

Bild 13.9: Selbstspannender Riementrieb. Die Vorspannung ist lastabhängig. Siehe auch 13.10c. SESPA Riementrieb nach Prof. Leyer.

Es gibt verschiedene Bauarten selbstspannender Riementriebe [90]. Beim SESPA-*Antrieb* nach Bild 13.9 ist das Motorgehäuse g mit dem Schwenkständer-Innenring i exzentrisch verschraubt. Der Innenring i ist im Schwenkständer s gelagert und kann sich zusammen mit dem Antriebsmotor um die Achse a drehen. Die Riemenscheibe r sitzt auf der Motorwelle. Dreht sich der Anker des Motors im Uhrzeigersinn um die Achse b und gibt der Riemen ein Drehmoment ab, so dreht sich das Gehäuse entgegen dem Uhrzeigersinn um die Achse a. Diese Drehbewegung hält solange an, bis das Produkt aus Achskraft A und Exzentrizität e gleich dem auf das Motorgehäuse wirkenden Reaktionsmoment M ist und die Achskraft A durch den Drehpunkt O geht, Bild 13.9. Die Achskraft A ist dann immer proportional der Umfangskraft U, Bild 13.10.

13. 6. Ausführung von Riementrieben

Verschiedene Anordnungen von Riementrieben zeigt Bild 13.11.

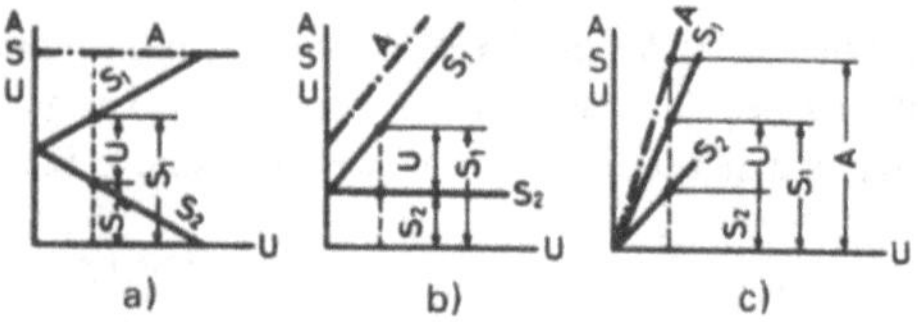

Bild 13.10: Achskraft A und Trumkräfte S_1 und S_2 abhängig von der Umfangskraft U.
a) Riementrieb mit konstanter Vorspannung nach Bild 13.8.
b) Vorspannung mittels Spannrolle nach Bild 13.7.
c) Riementrieb mit Selbstspannung nach Bild 13.9.

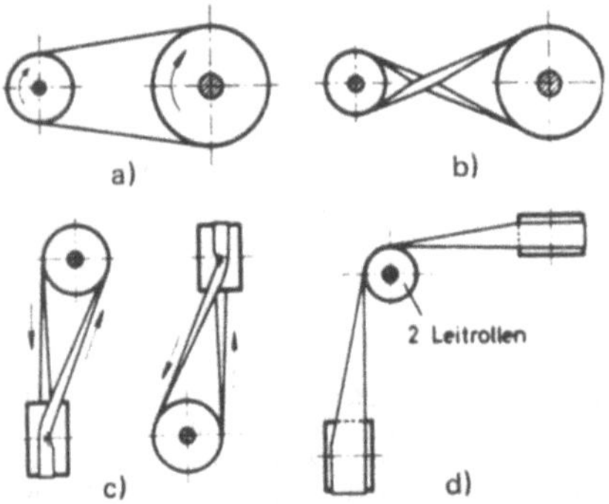

Bild 13.11: Anordnung von Riementrieben.
a) offener Riementrieb zwischen zwei parallelen Wellen
b) gekreuzter Riementrieb (Drehrichtungsumkehr!)
c) halbgekreuzter Riementrieb zur Verbindung von zwei windschiefen Wellen
d) Winkeltrieb für sich schneidende Wellen.

Zur *Abschaltung* einzelner Maschinen bei weiterlaufendem Antrieb werden eine Los- und eine Festscheibe nebeneinander angeordnet, Bild 13.12.

Zur *Änderung der Übersetzung* verwendet man oft einen Stufenscheibentrieb, Bild 13.13. Die Scheiben werden meist mit zwei bis fünf Stufen ausgeführt. Die Summe der beiden korrespondierenden Scheibendurchmesser muß in jeder Stufe gleich sein, damit die gleiche Riemenlänge paßt.

Zur *stufenlosen Drehzahlregelung* können bei Flachriemen Kegel-

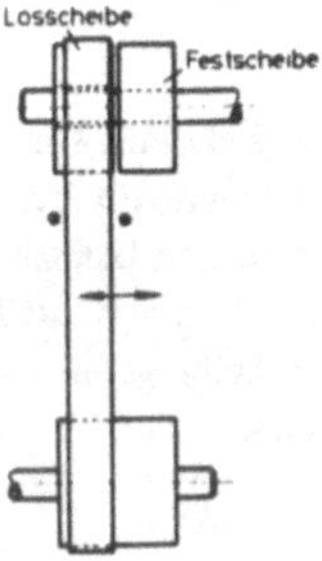

Bild 13.12: Leerlaufeinrichtung bei einem Flachriementrieb durch Anordnung einer Losscheibe.

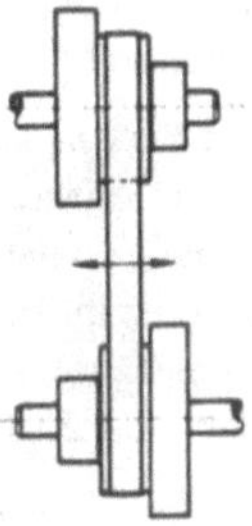

Bild 13.13: Stufenscheibentrieb.

scheiben verwendet werden, Bild 13.14. Mit solchen Konustrieben ist allerdings nur eine geringe Übersetzungsänderung möglich, da der

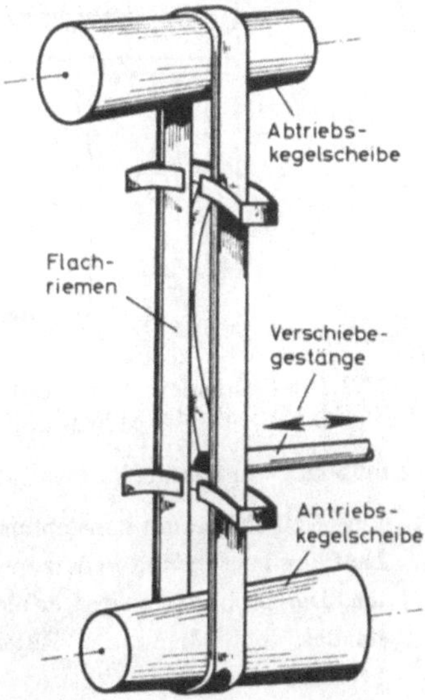

Bild 13.14: Stufenlose Drehzahlregelung durch Verwendung von Kegelscheiben.

Kegelwinkel wegen der Längsverzerrung des Riemens 10° nicht überschreiten soll.

Keilriemen-Verstellgetriebe [58, 91] eignen sich zur stufenlosen Drehzahlregelung wesentlich besser. Sie haben einen größeren Regelbereich, eine gedrängtere Bauweise und eine höhere Grenzleistung. Das Grundprinzip ist dabei die Keilriemenscheibe mit verstellbarem Laufdurchmesser. Zu diesem Zweck ist die Scheibe geteilt. Die beiden Hälften sind axial gegeneinander verschiebbar, Bild 13.15.

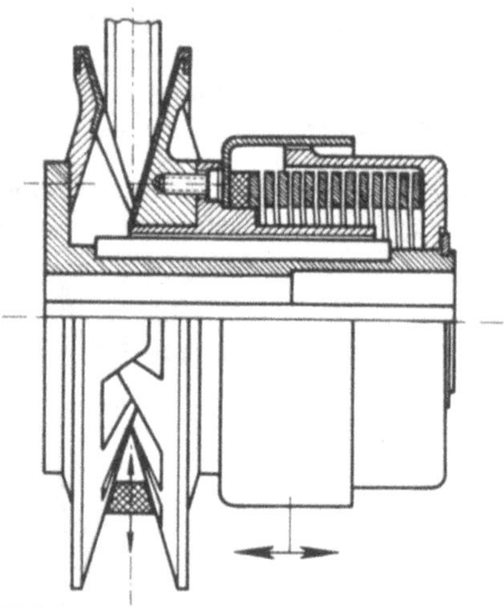

Bild 13.15: Keilriemenscheibe für Verstellgetriebe (Maschinenfabrik BERGES, Marienheide, Rhld.).

Grundsätzlich unterscheidet man zwei Bauarten:

1. Eine Keilscheibe mit konstantem, die andere mit veränderlichem Laufdurchmesser und Federanpressung der beiden Scheibenhälften. Die Drehzahlregelung erfolgt durch Änderung des Achsabstandes, Bild 13.16a. Der Regelbereich dieser Bauart liegt bei 1:3 bis 1:4.

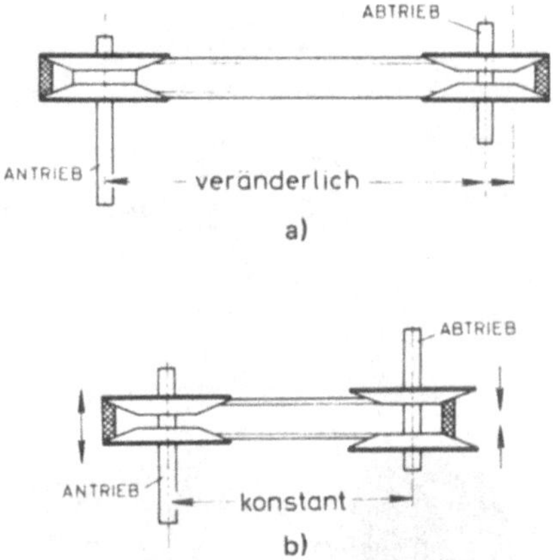

Bild 13.16: Keilriemen-Verstellgetriebe. a) mit einer Verstellscheibe, Regelung durch Veränderung des Achsabstandes b) mit zwei Verstellscheiben, Regelung durch zwangsweise Veränderung beider Scheibendurchmesser.

2. Die Laufdurchmesser beider Scheiben sind entgegengesetzt verstellbar, Bild 13.16b. Der Achsabstand bleibt konstant. Damit kann ein Regelbereich bis 1 : 10 erreicht werden. Verwendet man eine Scheibe mit Federanpressung und eine zwangläufig verstellbare Keilscheibe, Bild 13.17, so können je Strang Leistungen bis 20 PS übertragen werden. Es können aber auch beide Keilscheiben zwangsläufig verstellt werden. Solche Getriebe können noch höhere Leistungen übertragen.

   Bild 13.18 veranschaulicht die konstruktive Ausführung eines Verstellgetriebes mit zwei zwangläufig verstellbaren Scheiben.

Weiter unterscheidet man Anbau-Keilriemen-Verstellgetriebe, bei denen die Keilscheiben nur auf die Wellen von Motor und Arbeitsmaschine aufgesetzt werden und Verstellgetriebe mit eigenem Getriebegehäuse.

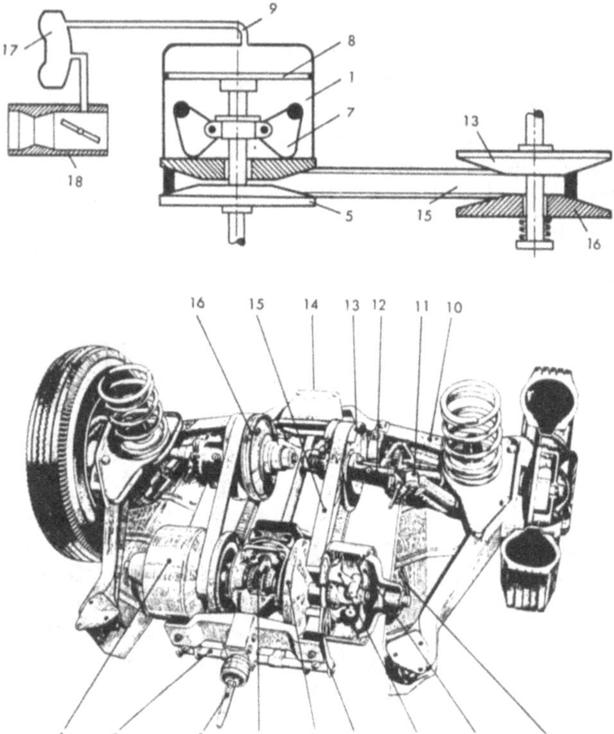

Bild 13.17: Stufenloses, automatisches Fahrzeug-Keilriemengetriebe. (Bauart DAF-Variomatik)
1 Vakuumzylinder, 2 Rahmen, 3 Antriebswelle des Verteilergetriebes, 4 Schaltmechanismus für Vorwärts- und Rückwärtsfahrt, 5 feste Scheibenhälfte der vorderen Scheibe, 6 Silentblock, 7 Fliehgewichte, 8 Trennwand, 9 Anschlüsse für Außenluft und Vakuumleitungen, 10 Dreieckslenker, 11 Stoßdämpfer, 12 Untersetzungsgetriebe, 13 feste Scheibenhälfte der hinteren Scheibe, 14 Gewindespindel, 15 Keilriemen, 16 hintere Scheibe.

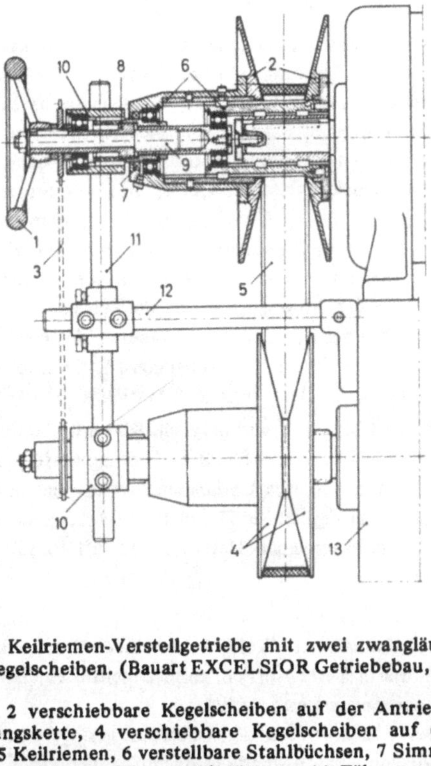

Bild 13.18: Keilriemen-Verstellgetriebe mit zwei zwangläufig verstellbaren Regelscheiben. (Bauart EXCELSIOR Getriebebau, Wüllen/ Westf.)
1 Handrad, 2 verschiebbare Kegelscheiben auf der Antriebswelle, 3 Übertragungskette, 4 verschiebbare Kegelscheiben auf der Abtriebswelle, 5 Keilriemen, 6 verstellbare Stahlbüchsen, 7 Simmerring, 8 und 9 Verschiebespindeln, 10 Abstützung, 11 Führungssäule, 12 Führungsholm, 13 Maschinengestell.

14. Kettentriebe

Kettentriebe sind formschlüssige Zugmitteltriebe. Die Kette greift als Zugmittel in die Kettenradzähne ein. Die Übersetzung ist durchschnittlich konstant, siehe Abschnitt 14.3. Es tritt kein Schlupf auf.

14. 1. Anwendungsbereich. Vor- und Nachteile

Das Kettengetriebe wird besonders bei größeren Achsabständen zur Übertragung von Leistungen zwischen parallelen Wellen in der Fahrzeug- und Maschinenindustrie, als Verstellgetriebe und als Transportmittel verwendet. Bekannt sind die Anwendungen zum Antrieb des Hinterrades bei Fahr- und Motorrädern, als Steuerkette zwischen Kurbel- und Nockenwelle bei Viertaktmotoren. Stufenlose Ketten-Verstellgetriebe werden bevorzugt im Werkzeugmaschinenbau, in Wickelmaschinen und neuerdings auch zum Antrieb von Ackerschleppern eingesetzt. Die Belastbarkeit, die zulässige Kettengeschwindigkeit, der Wirkungsgrad und die Lebensdauer eines Kettentriebes sind von der Kettenart, der Zähnezahl des kleinen Rades, der Wartung und der Schmierung abhängig. Die Grenzleistung und die Lebensdauer werden vom Verschleiß bestimmt.

Übersetzungen bis 10 : 1 sind möglich. Kettentriebe wurden für Leistungen bis 5.000 PS bei 28.000 kp Umfangskraft und 1,2 m Kettenbreite und bis 30 m/s Umfangsgeschwindigkeit ausgeführt. Der Wirkungsgrad beträgt 95–99%. Im Kraftfahrzeugbau rechnet man mit 2.000, im allgemeinen Maschinenbau mit 10.000 Stunden Lebensdauer.

Vorteile:

Gegenüber Zahnrädern: Große Achsabstände überbrückbar; geringerer Preis; elastischerer Antrieb; geringer seitlicher Platzbedarf; kein genauer Achsabstand erforderlich.

Gegenüber Riementrieben: Kein Schlupf; geringere Lagerbelastung, keine Vorspannung erforderlich; unempfindlich gegen Feuchtigkeit und Wärme.

Nachteile:

Begrenzte Lebensdauer durch Verschleiß in den Kettengelenken und an den Zähnen der Kettenräder; nur für parallele Wellen anwendbar; Lebensdauer stark von sorgfältiger Wartung und guter Abkapselung gegen Schmutz abhängig.

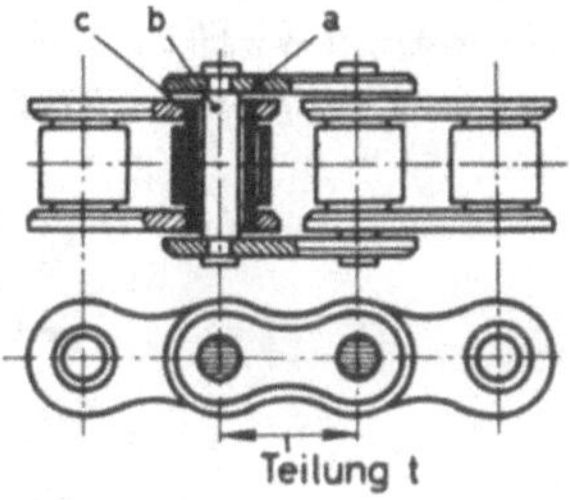

Bild 14.1: Rollenkette.

14. 2. Kettenarten

Rollenketten, Bild 14.1, bestehen aus Innen- und Außengliedern, deren Laschen a durch Bolzen b bzw. Büchsen c fest verbunden sind. Auf die Büchsen sind noch die Rollen aufgeschoben. Sie werden einfach, zweifach und dreifach als Simplex-, Duplex- und Triplex-Rollenketten ausgeführt und sind in ihren Abmessungen genormt [92]. Wegen ihrer guten Eigenschaften werden Rollenketten bevorzugt eingesetzt.

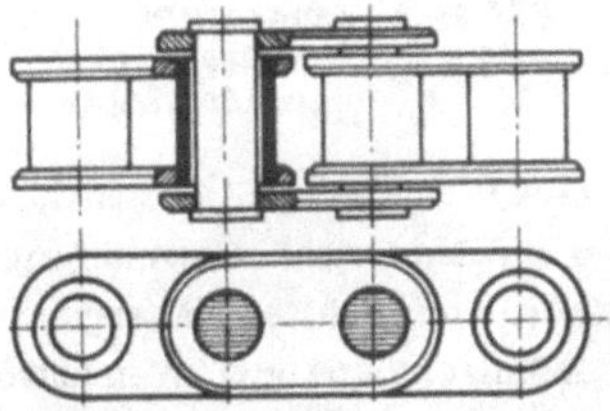

Bild 14.2: Hülsenkette.

Hülsenketten, Bild 14.2, unterscheiden sich von den Rollenketten durch die fehlende Rolle [93]. Bei gleicher Kettenteilung t können Laschen und Bolzen stärker als bei Rollenketten ausgeführt werden. Dadurch ergibt sich eine höhere Bruchlast. Die Hülsen gleiten unmittelbar auf den Flanken der Kettenradzähne. Durch die höhere

Reibung ergibt sich ein stärkerer Verschleiß. Sie können daher nur da verwendet werden, wo eine einwandfreie Kapselung und Schmierung des Kettentriebes möglich ist.

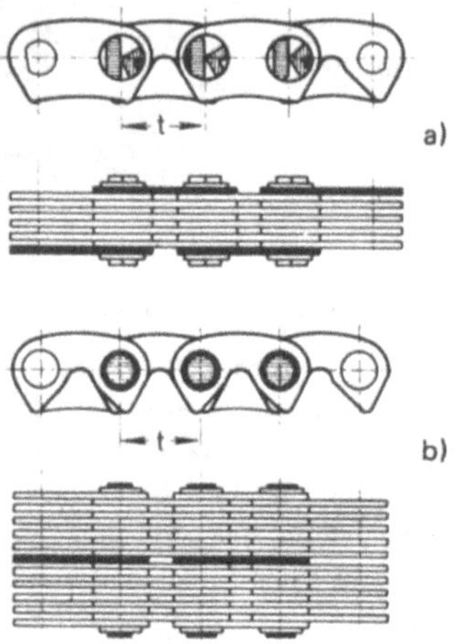

Bild 14.3: Zahnketten.
a) mit Wiegegelenkzapfen; Außenführung.
b) mit runden Zapfen und Lagerbüchsen; Innenführung.

Zahnketten, Bild 14.3, bestehen aus vielen Laschen, die nebeneinander auf den Gelenkbolzen aufgereiht sind [94]. Jede zweite Lasche gehört zum nächsten Kettenglied. Sie haben eine unter 60° geneigte Außenflanke und greifen in geradflankige Zahnräder ein. Zahnketten laufen leiser als Rollen- oder Hülsenketten und lassen sich breit und damit tragfähig aufbauen. Sie sind jedoch schwerer, wodurch bei höheren Drehzahlen erhebliche Zentrifugalkräfte auftreten. Außerdem sind sie in der Herstellung, besonders bei Ausführung mit geschliffenen Flanken, teurer.

Sonderketten wurden für den Einsatz in stufenlos regelbaren Keilscheiben-Umschlingungsgetrieben entwickelt.

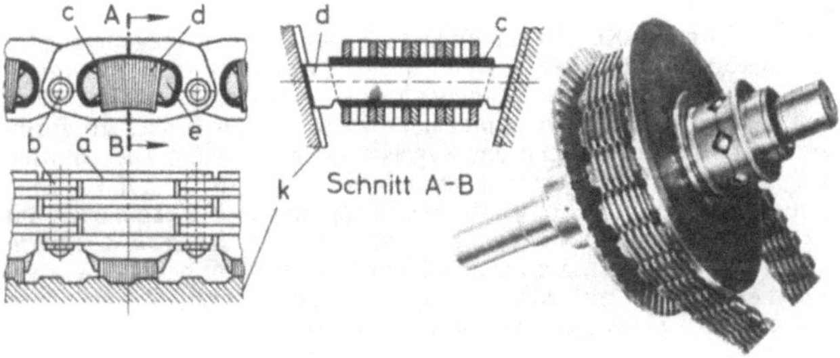

Bild 14.4: Lamellen-Verzahnungskette für Ketten-Verstellgetriebe. (P.I.V. Antrieb, Werner Reimers KG, Bad Homburg v.d.H.)

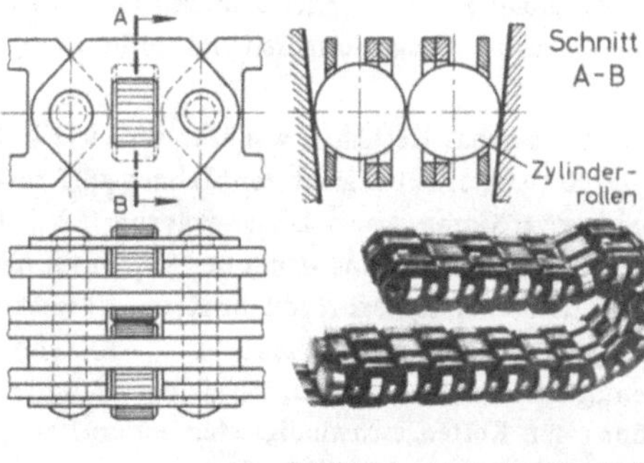

Bild 14.5: Zylinderrollenkette. (P.I.V. Antrieb, Werner Reimers KG, Bad Homburg v.d.H.)

Am bekanntesten ist die *Lamellen-Verzahnungskette*, Bild 14.4. Sie besteht aus nebeneinanderliegenden, durch Verbindungsbolzen b miteinander vernieteten Kettengliedern a. Jede Gliedergruppe besitzt gestanzte Aussparungen, in die ein gestanzter Stahlblechkäfig c eingesetzt wird. In den Stahlblechkäfig werden leicht konische Stahllamellen d eingefügt. Diese sind seitlich, entsprechend dem Neigungswinkel der verzahnten Kegelscheiben k, abgeschrägt. Sie stützen sich durch die halbrund ausgeführten äußeren Lamellen e in Kettenrichtung gegen den Käfig c ab. Beim Einlaufen der Kette in die verzahnten Kegelscheibenpaare k werden die gegeneinander verschiebbaren Lamellen d, wenn sie auf einen Zahn treffen, zwangsläufig in die gegenüberliegende Zahnlücke des Gegenkegels verschoben. Es bilden sich also immer neue Zähne in der Kette, die formschlüssig mit den Zähnen der Kegelscheiben kämmen. Die Zahnteilung t der Lamellenkette ist veränderlich, so daß sie auf verschiedenen Laufdurchmessern arbeiten kann. Andere Kettenarten für Verstellgetriebe sind die *Zylinderrollen-* und die ***Ringrollen-Ketten***, Bild 14.5. Im Gegensatz zu den Lamellen-Verzahnungsketten arbeiten diese Ketten mit glatten Kegelscheiben zusammen. Sie bilden also ein kraftschlüssiges Umschlingungsgetriebe.

14. 3. Kettenräder

Die Zahnform der Kettenräder muß sorgfältig ausgeführt werden. Zu kleine Flankenwinkel führen zu Störeingriff und zu erhöhtem Verschleiß. Zu große Flankenwinkel bedingen ein Aufsteigen der Kette in der Verzahnung beim Anfahren und bei Belastungsschwankungen.

Die Kette läuft über das Kettenrad wie über ein Vieleck. Dadurch schwankt die Kettengeschwindigkeit von Zahneingriff zu Zahneingriff zwischen zwei Grenzwerten. Dieser Polygoneffekt, die Reibarbeit in den Kettengelenken und damit der Verschleiß nimmt mit zunehmender Zähnezahl ab. Daher soll die Kettenräderzähnezahl so groß wie möglich gewählt werden. Üblich ist: 11–13 Zähne für Kettengeschwindigkeiten unter 4 m/s und Teilungen t unter 20 mm; 14–16 Zähne für Kettengeschwindigkeiten unter 7 m/s; 17–25 Zähne üblich für Kleinräder, 38–70 für Großräder.

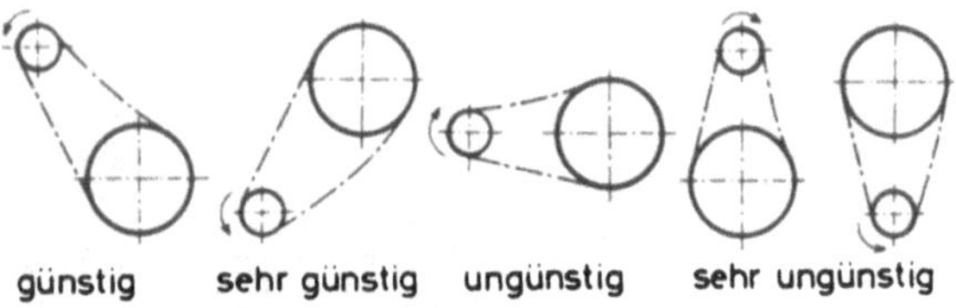

Bild 14.6: Anordnung von Kettentrieben.

14. 4. Ausführung von Kettentrieben

Bei der Anordnung von Kettentrieben ist zu beachten, daß die Kettenräder zueinander und mit Rücksicht auf ihre Drehrichtung eine möglichst günstige Lage haben, Bild 14.6. Besonders ungünstige Anordnungen liegen dann vor, wenn die beiden Kettenräder senkrecht übereinanderstehen. Sind solche Ausführungen nicht zu vermeiden, so ist ein mechanisch oder hydraulisch betätigter Kettenspanner vorzusehen, Bild 14.7. Oft muß auch zur Schwingungsdämpfung eine Gleitbahn aus Gummi oder Stahl angebracht werden, Bild 14.7 [95, 59].

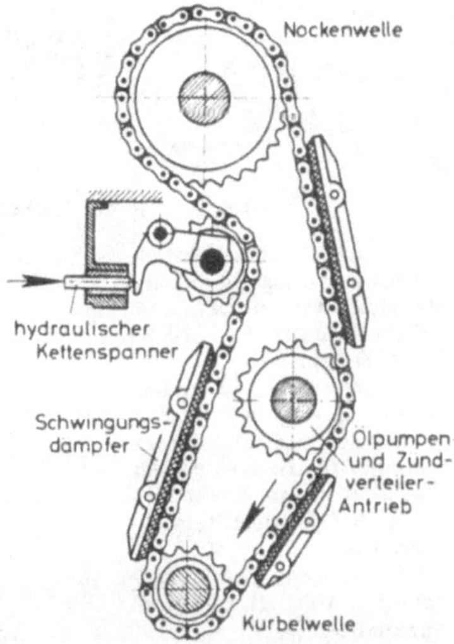

Bild 14.7: Hydraulischer Kettenspanner und Schwingungsdämpfer bei einem Nockenwellenantrieb.

Das Prinzip eines stufenlos regelbaren ***Ketten-Verstellgetriebes*** veranschaulicht Bild 14.8. Die Keilscheiben sind geteilt und mit der An- bzw. Abtriebswelle drehfest verbunden. Ihre Hälften lassen sich aber gegeneinander axial verschieben. Durch geeignete Steuermittel werden die Scheibenpaare gleichzeitig zueinander bewegt bzw. voneinander entfernt. Dadurch werden die beiden Laufdurchmesser der Kette entgegengesetzt verändert.

Bei der Ausführung mit einem Kettenstrang werden solche Getriebe bis 25 PS Leistung gebaut. Der Regelbereich beträgt 1:6 bzw. 1:10 bei kleineren Leistungen [58].

Für Schlepperantriebe wurde ein Sondergetriebe mit einer Spezialkette für Leistungen bis 60 PS und einem Regelbereich von 1:4,5 entwickelt [96].

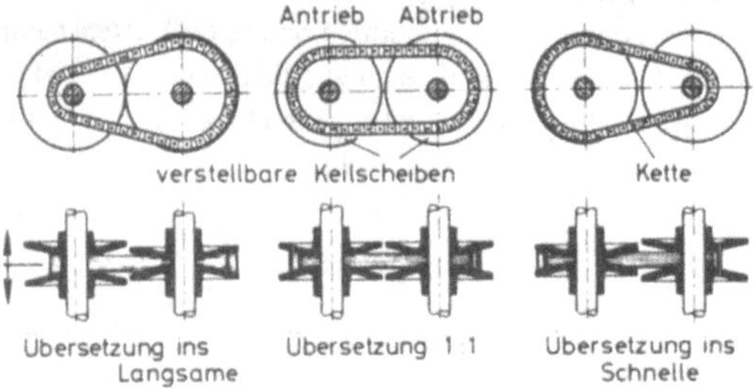

Bild 14.8: Prinzip der Ketten-Verstellgetriebe.

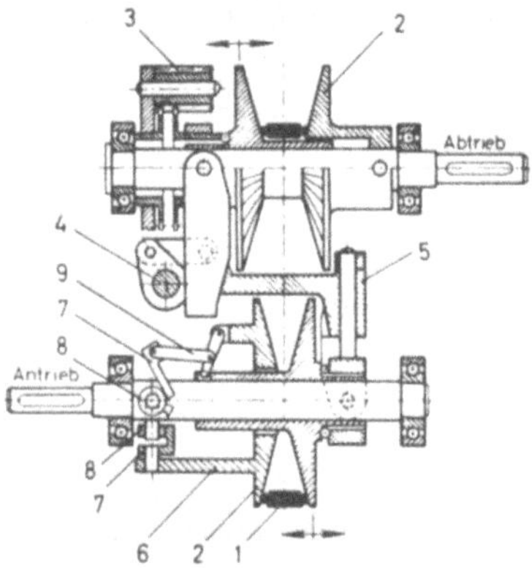

Bild 14.9: Ketten-Verstellgetriebe mit lastabhängiger Regelung der Vorspannung. (FMB-Variator, Fa. FLENDER, Bocholt)
1 Lamellenkette, 2 radial verzahnte Kegelscheiben, 3 Spannrad zur Ersteinstellung der Laufradien bei der Kettenmontage, 4 Verstellwelle, 5 Z-förmige Verstelleinrichtung;
Automatische, vom Drehmoment abhängige Kettenspanneinrichtung:
6 Mitnehmer für Kettenspanneinrichtung, 7 schwenkbarer, U-förmiger Hebel mit Stützflächen (um 90° versetzt gezeichnet), 8 Rollen, 9 Hebelgestänge zur Verstellung der Winkellage der U-förmigen Hebel.

Bild 14.9 zeigt ein ausgeführtes Ketten-Verstellgetriebe mit lastabhängiger Regelung der Kettenvorspannung.
Bei dem Regelgetriebe nach Bild 14.10 ist an den Kettenwandler abtriebsseitig ein Planetengetriebe mit Doppelantrieb angebaut (Abschn. 12.6.1.). Dadurch wird der Regelbereich beträchtlich erweitert. Mit Getrieben dieser Bauart kann die Drehzahl stufenlos von 0–1.500 U/min geregelt werden.

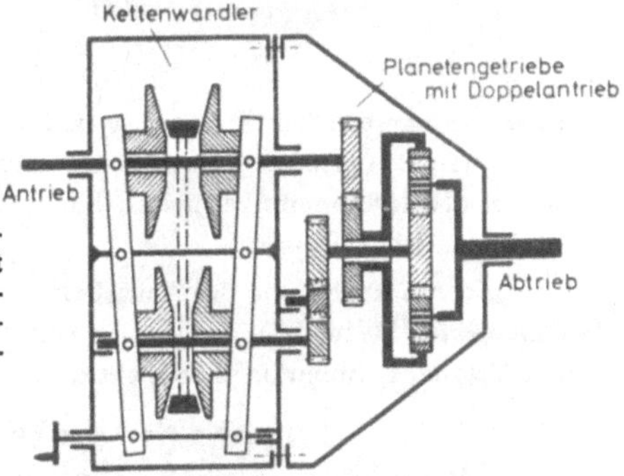

Bild 14.10: Ketten-Verstellgetriebe mit erweitertem Stellbereich durch Nachschaltung eines Planetengetriebes (P.I.V.).

15. Hydraulische Getriebe

Hydraulische Getriebe gehören zu den Druckmittelgetrieben. Im Gegensatz zu den Zugmittelgetrieben, wie Ketten- oder Riementrieb, werden Kräfte und Bewegungen durch eine Hydraulikflüssigkeit, meistens Öl, übertragen. Die hydraulischen Getriebe – von den klassischen Autoren zur Getriebetechnik gezählt – haben in den letzten Jahrzehnten eine selbständige, von den mechanischen Getrieben getrennte Entwicklung erfahren. Eine eingehende Behandlung im Rahmen der mechanischen Getriebe ist daher weder sinnvoll noch möglich. Es werden daher nur die Grundprinzipien dieser Getriebe erläutert.

15. 1. Hydrostatische Getriebe

Hier wird die Leistung durch den *Druck* des langsam fließenden,

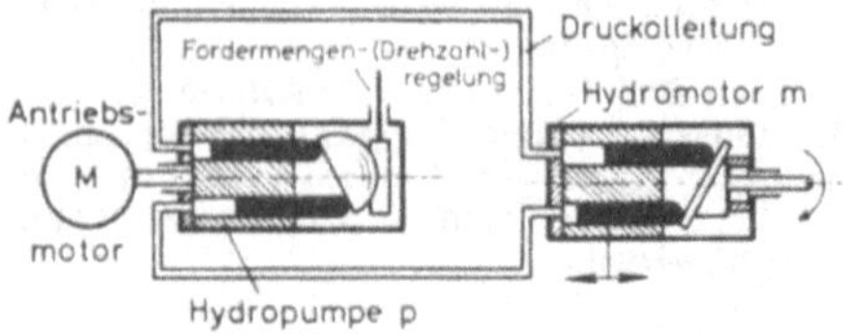

Bild 15.1: Einfaches hydrostatisches Getriebe, bestehend aus Antriebsmotor, Axialkolbenpumpe mit Fördermengenregelung und Axialkolbenmotor m.

praktisch inkompressiblen Öles übertragen. Im wesentlichen besteht ein hydrostatisches Getriebe aus einer angetriebenen Hydropumpe p die Öl an den Hydromotor m liefert, Bild 15.1. Der Hydromotor treibt die Abtriebswelle an.

Zwischen der Antriebs- und der Abtriebsdrehzahl n_1 bzw. n_2, den Drehmomenten M_1 und M_2, sowie den Hubvolumina von Hydropumpe V_P und Hydromotor V_M besteht folgende Beziehung:

$$n_1/n_2 = M_2/M_1 = V_M/V_P \qquad (15.1)$$

Die Abtriebsdrehzahl kann also durch Veränderung der Hubvolumina geregelt werden.

Bei hydrostatischen Maschinen steigt die Leistung N entsprechend dem folgenden Ausdruck mit der Drehzahl n und der Baugröße D (Durchmesser!) an:

$$N \sim n \cdot D^3 \qquad (15.2)$$

Das Hauptanwendungsgebiet liegt bei kleinen bis mittleren Leistungen und Regelbereichen bis 1:15. Diese Getriebe werden eingesetzt bei Werkzeugmaschinen, selbstfahrenden Arbeitsmaschinen (Gabelstaplern), für Schiffspropellerantriebe zu Manövrierzwecken oder als Regeleinheiten in Überlagerungsgetrieben.

Für die Hydromotoren bzw. -pumpen kommen folgende Bauarten in Frage: Flügelzellen-, Axialkolben-, Radialkolben- oder Zahnradpumpen bzw. -motoren.

Schrifttum zum Abschnitt 15.1.: [97, 98, 99, 100, 101].

15. 2. Hydrodynamische Getriebe

Sie werden auch als hydrokinetische, Strömungs- oder nach ihrem Erfinder als FÖTTINGER-Getriebe [102] bezeichnet. Im Gegensatz zu den hydrostatischen Getrieben wird dabei die *Wucht* des mit großer Geschwindigkeit strömenden Öles zur Leistungsübertragung ausgenutzt.

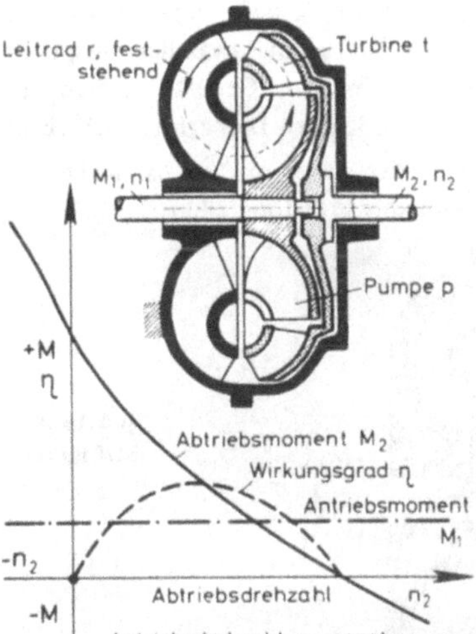

Bild 15.2: Hydrodynamischer Drehmoment-Wandler. Unten: Abtriebsmoment M_2 und Wirkungsgrad η in Abhängigkeit von der Abtriebsdrehzahl n_2.

Hydrodynamische Drehmoment-Wandler, Bild 15.2, sind Strömungskreisläufe, die in ihrer einfachsten Form aus drei Rädern bestehen: Aus der Zentrifugalpumpe p, die das Antriebsmoment aufnimmt, dem Leitrad r, welches das Stützmoment auf das feste Gehäuse überträgt, und der Turbine t, die das Abtriebsmoment auf die Abtriebswelle weitergibt. Der Arbeitsflüssigkeit wird in der

Pumpe Energie zugeführt. Diese Energie wird in der Turbine wieder zurückgewonnen. Die aus der Turbine ausströmende Flüssigkeit fließt durch das Leitrad und dann in die Pumpe zurück. Es bildet sich also ein kontinuierlicher Kreislauf der Energieübertragung zwischen Pumpe und Turbine aus.

Die Drehmoment-Drehzahl-Charakteristik solcher Wandler entspricht der eines Gleichstrom-Hauptschlußmotores. Drehzahl und Drehmoment passen sich selbsttätig dem Widerstand der Arbeitsmaschine an, Bild 15.2. Der Drehmomentwandler entspricht also in seiner Funktion einem stufenlosen Getriebe. Allerdings haben solche Wandler nur in einem kleinen Drehzahlbereich einen günstigen Wirkungsgrad. Sie werden daher oft mit Zahnradgetrieben kombiniert oder als Trilok-Wandler [106] ausgeführt.

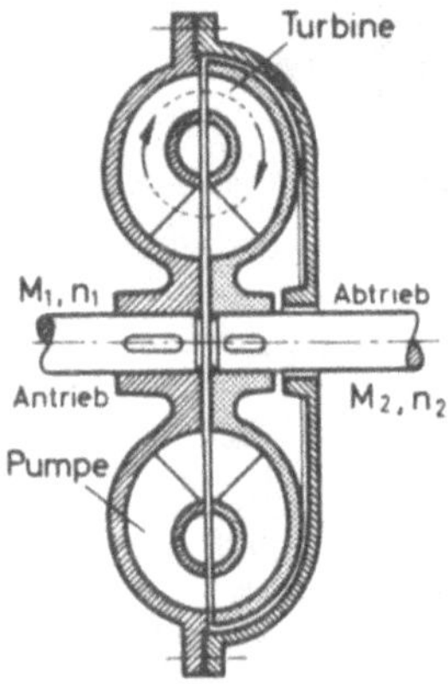

Bild 15.3: Prinzip einer Strömungskupplung.

Hydrodynamische oder Strömungskupplungen, Bild 15.3, bestehen nur aus Pumpe und Turbine. Das aufgenommene Drehmoment ist gleich dem abgegebenen. Diese Kupplungen eignen sich besonders zum langsamen Beschleunigen schwerster Massen mit Kurzschlußläufermotoren. Außerdem dämpfen sie Stöße, Belastungsschwankungen und Schwingungen.

Bei hydrodynamischen Getrieben steigt die Leistung stärker mit der Drehzahl n und der Baugröße D als bei hydrostatischen Getrieben an:

$$N \sim n^3 \cdot D^5 \qquad (15.3)$$

Weiteres Schrifttum zu Abschnitt 15.2.: [103, 104, 105, 106].

Schrifttum

Spezielle Werke der Getriebetechnik sind durch ● gekennzeichnet.

[1] ● FRANKE, R.: Vom Aufbau der Getriebe. Bd. I. Die Entwicklungslehre der Getriebe. Düsseldorf: VDI-Verl. 1958.

[2] ● REULEAUX. F.: Theoretische Kinematik, I. Teil. Braunschweig 1875.

[3] HARTMANN, W.: Die Maschinengetriebe. Berlin 1913.

[4] GRÜBLER, M.: Getriebelehre. Eine Theorie des Zwanglaufes der ebenen Mechanismen. Berlin: Springer Verl. 1917.

[5] ● LICHTENHELDT, W.: Konstruktionslehre der Getriebe. Berlin: Akademie Verl. 1961.

[6] ● BEYER, R.: Kinematisch, getriebedynamisches Praktikum. Berlin, Göttingen, Heidelberg: Springer Verl. 1960.

[7] MEYER zur CAPELLEN, W.: Biegungs- und Lagerschwingungen in Kurbeltrieben. Antriebstechnik 2 (1963) Nr. 3, S. 81/85.

[8] HOLZWEISSIG, F., H. DRESIG und H. TERSCH: Über die Berechnung des dynamischen Verhaltens von ungleichförmigen Getrieben innerhalb einer Schwingungsschleife. Maschinenbautechnik 12 (1963) Heft 10, S. 553/559.

[9] MEYER zur CAPELLEN, W.: Belastungen und Schwingungen in Kurbeltrieben durch Massenkräfte. Konstruktion 12 (1960) Nr. 1, S. 17/19.

[10] NIEMANN, G.: Maschinenelemente Bd. I. Grundlagen, Verbindungen, Lager Wellen und Zubehör. Berlin, Göttingen, Heidelberg: Springer Verl. 1958.

[11] ● NIEMANN, G.: Maschinenelemente Bd. II. Getriebe. Berlin, Göttingen, Heidelberg: Springer Verl. 1965.

[12] BEYER, R.: Raumkinematische Grundlagen. München: Joh. Ambrosius Barth Verl. 1953.

[13] ● BEYER, R.: Technische Raumkinematik. Berlin, Göttingen, Heidelberg: Springer Verl. 1963.

[14] VDI-RICHTLINIEN "Räumliche Kurbelgetriebe".
Nr. 2138: Umformung von Drehbewegung in Schwinschubbewegung (1959).
Nr. 2139: Umformung von Drehbewegung in umlaufende Drehschubbewegung (1959).
Nr. 2140: Geschwindigkeitsverhältnisse des um eine Achse drehenden Getriebegliedes bei räumlicher Bewegung (1958).
Düsseldorf: VDI-Verlag (auch in [21] enthalten).

[15] MEYER zur CAPELLEN, W. und G. DITTRICH: Systematik sphärischer Viergelenkgetriebe. Industrie-Anzeiger 87 (1965) Nr. 75, S. 1765/1770.

[16] KIRCHHOF, M.: Das Gelenkfünfeck und sein Bewegungsbereich. Maschinenbautechnik 12 (1963) Nr. 2, S. 99/106.

[17] KRAMER, R.: Das fünfgliedrige Zweikurbelgetriebe und sein Antrieb. Maschinenbautechnik 14 (1965) Nr. 9, S. 489/493.

[18] HAIN, K. und A. W. ZIELSTORFF: Die aus Gelenkvierecken zusammengesetzten, achtgliedrigen, zwangläufigen Getriebe. Maschinenmarkt 71 (1965) Nr. 82, S. 24/31.

[19] HAIN, K. und A. W. ZIELSTORFF: Höhere Winkelübertragungen in sechs- und achtgliedrigen zwangläufigen Getrieben. Maschinenmarkt 71 (1965) Nr. 3, S. 18/23.

[20] • HRONES, J. A. und G. L. NELSON: Analysis of the Four-Bar Linkage. The Technology Press of the Massachusetts Institute of Technology, Cambridge, Mass. und John Wiley & Sons, Inc. New York 1951.

[21] • VDI-AWF-HANDBUCH GETRIEBETECHNIK: Ungleichförmig übersetzende Getriebe. Düsseldorf: VDI-Verl. 1959.

[22] • KRAEMER, O.: Getriebelehre. Karlsruhe: Verl. G. Braun 1958.

[23] NIEMANN, G.: Über Wippkrane mit waagrechtem Lastwippweg. Dissertation TH Berlin 1928.

[24] ● RAUH, K. und L. HAGEDORN: Praktische Getriebelehre.
Bd. I: Die Viergelenkkette. 1965.
Bd. II: Die Keilkette. Berlin, Göttingen, Heidelberg, New York: Springer Verl. 1954.

[25] ● JAHR, W. und P. KNECHTEL: Grundzüge der Getriebelehre.
Bd. I: Allgemeine Grundlagen – Schraubentriebe – Kurbeltriebe. Leipzig: Fachbuchverl. 1955.
Bd. II: Rädertriebe – Rollentriebe – Kurventriebe – Sperrtriebe. Leipzig: Jänecke 1943.

[26] ● BEYER, R.: Kinematische Getriebesynthese. Berlin, Göttingen, Heidelberg: Springer Verl. 1953.

[27] LENK, E.: Instrumentelle und elektrische Verfahren zur Erzeugung und Aufzeichnung von Koppelkurven. Z. Konstruktion 14 (1962) Heft 10, S. 393/396.

[28] KELLER, R. E.: The Accuracy of one Method for Mechanism Simulation by Electronic Analog Computer. Trans. ASME, J. of Engineering for Industry, May (1965), S. 235/242.

[29] KELLER, R. E.: Analysing Mechanisms with an Analog Computer. Machine Design, October (1965), S. 153/158.

[30] CONWAY, H. G.: Straight Line Linkages. Machine Design, Jan. (1951), S. 90/92.

[31] GRODZINSKI, P.: Straight Line Motions Produced by Simple Mechanisms. Machine Design, Juni (1951), S. 125/127.

[32] KRAUS, R.: Entwerfen von Geradführungen. Feinwerktechnik Jahrg. 56 (1952) Heft 6, S. 175/181 und Jahrg. 57 (1953) Heft 1, S. 12.

[33] CHIRONIS, P. N.: Mechanisms, Linkages and Mechanical Controls. New York: McGraw Book Company 1965.

[34] ● ROTHBART, H. A.: Cams. New York: John Wiley & Sons, Inc. 1956.

[35] ROTHBART, H. A.: Equivalent Mechanisms for Cams. Machine Design, März (1958), S. 175/180.

[36] MEYER zur CAPELLEN, W. und B. JANSSEN: Kraftübertragung bei ebenen Kurvengetrieben mit geradgeführtem Abtrieb. Antriebstechnik 1 (1962) Nr. 1, S. 8/13 und Antriebstechnik 1 (1962) Nr. 2, S. 75/80.

[37] STODDART, D. A.: Polydyne Cam Design. Machine Design, Januar (1953), S. 121/135 und Februar (1953), S. 146/154 und März (1953) S. 149/164.

[38] KUNAD, G.: Die genaue Bestimmung der Abmessungen übertragungsgünstiger Kurvengetriebe. Maschinenbautechnik.
Teil I: 10 (1961) Heft 10, S. 562/568.
Teil II: 10 (1961) Heft 12, S. 668/672.
Teil III: 12 (1963) Heft 6, S. 324/327.

[39] VDI-Berichte Nr. 77: Getriebetechnik. Angewandte Getriebelehre in Maschinenkonstruktionen. VDI-Vorl., Düsseldorf, 1965.

[40] • SIEKER, K. H.: Einfache Getriebe. Leipzig: Akad. Verlagsges. 1950.

[41] MÜLLER, J.: Maschinelle Herstellung von Kurvenkörpern (Kurvenschablonen) im zwanglaufmechanischen Erzeugungsverfahren. Maschinenbautechnik 12 (1963) Heft 12, S. 657/666.

[42] AWF-VDMA-VDI GETRIEBEHEFTE: Schraubgetriebe. AWF 6071. Berlin, Frankfurt: Ausschuß für wirtschaftliche Fertigung 1956 (auch in [21] enthalten).

[43] WIDMAIER, A.: Atlas für Getriebe- und Konstruktionslehre. Band Schrauben- und Radgetriebe. Stuttgart: Verl. K. Wittwer 1954.

[44] BEYER, R.: Zur Geometrie und Statik des Differential-Schraubengetriebes. Feinwerktechnik 54 (1950), S. 200/201.

[45] BEYER, R.: Bewegungsverhältnisse und Kraftwirkungen in dreigliedrigen dreiachsigen Schraubengetrieben mit drei Schraubenpaaren. Z. Konstruktion 3 (1951) Heft 6, S. 174/178.

[46] AWF-VDMA-VDI GETRIEBEHEFTE: Sperrgetriebe.
Heft 1: Gesperre. AWF 6061 (1955).
Heft 2: Schaltwerke. AWF 6062 (1956).
Heft 3: Hemmwerke. AWF 6063 (1957).
Heft 4: Spannwerke. AWF 6064 (1957).
Heft 5: Sprungwerke. AWF 6065 (1957).
Heft 6: Sperrgetriebe. Begriffsbestimmungen. AWF 6006 (1952). Berlin, Frankfurt: Ausschuß für wirtschaftliche Fertigung (auch in [21] enthalten).

[47] STÖLZLE, K. und S. HART: Freilaufkupplungen. Berechnung und Konstruktion. Berlin, Göttingen, Heidelberg: Springer Verl. 1961.

[48] DIEKERMANN, F.: Die Freilaufkupplung als vielseitiges Element der Antriebstechnik. Z. Konstruktion 16 (1964), S. 229/234.

[49] HUGK, H., H. KREZENCIESSA und G. NERGE: Arbeitsblätter zur Berechnung von Schaltmechanismen.
1. Folge: Malteserkreuz- und Sternrad-Mechanismus – Auswahl. Maschinenbautechnik 12 (1963) Heft 11, S. 599/600.
2. Folge: Außen- und Innen-Malteserkreuz-Mechanismus. Maschinenbautechnik 12 (1963) Heft 12, S. 655/656.
3. Folge: Außen-Sternrad-Mechanismus. Maschinenbautechnik 13 (1964) Heft 1, S. 38/39.
4./5. Folge: Innen-Sternrad-Mechanismus. Maschinenbautechnik 13 (1964) Heft 2, S. 95/96 und Heft 3, S. 151/152.
6. Folge: Winkel-, Geschwindigkeits- und Beschleunigungskennwerte von Malteserkreuz- und Sternrad-Mechanismen. Maschinenbautechnik 13 (1964) Heft 4, S. 207/208.

[50] VOLLMER, J.: Berechnungsunterlagen für Sternradschaltgetriebe. Industrieblatt 64 (1964) Nr. 5, S. 147/152.

[51] ALTMANN, F. G.: Schaltwerksgetriebe mit stufenlos einstellbarer Übersetzung. Maschinenbautechnik 12 (1963) Heft 7, S. 347/356.

[52] WEISE, H.: Bauformen von Normalfilmschaltwerken. Feinwerktechnik 57 (1953) Heft 2, S. 46/52.

[53] MASCHGAN, H.: Der neue 12-mm-Schmalfilmprojektor "2000". Siemens-Zeitschrift 38 (1964) Heft 4, S. 318/320.

[54] WEISE, H.: Getriebe in photographischen und kinematographischen Geräten. VDI-Berichte. Bd. 12, 1956.

[55] OPITZ, H. und G. VIEREGGE: Eigenschaften und Verwendbarkeit von Reibradantrieben. Werkstatt und Betrieb 82 (1949) Heft 10, S. 349/354.

[56] SCHLUMS, K. D.: Elemente der stufenlos verstellbaren Wälzgetriebe. Antriebstechnik 5 (1966) Nr. 3, S. 86/90.

[57] ALTMANN, G.: Antriebstechnik. VDI-Z. 101 (1959) Nr. 21, S. 897/903.

[58] SIMONIS, F. W.: Stufenlos verstellbare mechanische Getriebe. Berlin, Göttingen, Heidelberg: Springer Verl. 1959.

[59] BAUER, R. und G. SCHNEIDER: Hülltriebe und Reibradtriebe. Leipzig: Fachbuchverlag 1965.

[60] DIN 3990, Entwurf: Tragfähigkeitsberechnung von Stirn- und Kegelrädern mit Außenverzahnung. (1963).

[61] DUDLEY, D. W.: Gear Handbook. New York: Mac Graw Hill Book Comp. 1962.

[62] APITZ, G., A. BUDNIK, K. F. KECK und W. KRUMME: Die DIN-Verzahnungstoleranzen und ihre Anwendung. Braunschweig: Vieweg Verl. 1954.

[63] KECK, K. F.: Die Zahnradpraxis. Bd. I: Geradzahn-Stirnräder. Bd. II: Schrägzahn-Stirnräder. Geradzahn- und Spiral-Kegelräder. München: R. Oldenbourg 1958.

[64] KECK, K. F.: Getriebeatlas I/1: Getriebeelemente. Ludwigsburg: A. G. T. Verlag G. Thum 1966.

[65] DIN 867: Bezugsprofil für Stirnräder mit Evolventenverzahnung für den allgemeinen Maschinenbau (1963).

[66] ROTH, K.: Evolventenverzahnungen für parallele Achsen mit Ritzelzähnezahlen von 1 bis 7. VDI-Z. Bd. 107 (1965) Nr. 9, S. 275/284.

[67] KRAUS, R. A.: Aufbau und Kinematik der Stirnradwechselgetriebe. München: Carl Hanser Verl. 1955.

[68] FINKELNBURG, H. H.: Wechselrädergetriebe. Werkstatt u. Betrieb 82 (1949) Heft 3, S. 73/77.

[69] DIN 781: Zähnezahlen der Wechselräder (1923).
DIN 782: Wechselräder für Werkzeugmaschinen (1929).

[70] DIN 804: Lastdrehzahlen für Werkzeugmaschinen (1950).
DIN 323: Normzahlen; Hauptwerte, Genauwerte, Rundwerte (1952).

[71] SCHÖPKE, H.: Grundlagen der Konstruktion von Werkzeugmaschinen-Getriebe. Braunschweig: G. Westermann Verl. 1960.

[72] STÖCKICHT, W. G.: Some Advantages of Planetary Gears. J. of the Ameri-Soc. of Naval Engineers Vol. 60 (1948) Nr. 2, S. 169/178.

[73] JARCHOW, F.: Stirnräder-Planetengetriebe mit selbsttätigem Belastungsausgleich. VDI-Z. Bd. 104 (1962) Nr. 12, S. 506/512.

[74] KLEIN, H.: Die Planetenrad-Umlaufrädergetriebe. München: Carl Hanser Verl. 1962.

[75] DUBBELs Taschenbuch für den Maschinenbau, Bd. I Berlin, Heidelberg, New York: Springer Verl. 1966.

[76] ZAJONZ, R.: Die zeichnerische und rechnerische Untersuchung von Stirnrad-Umlaufgetrieben. ATZ-Beihefte. Franckh'sche Verlagshandlung. Stuttgart 1939.

[77] SEELIGER, K.: Das einfache Planetengetriebe. Antriebstechnik 3. Jahrg. (1964) Nr. 6, S. 216/221.

[78] STRAUCH, H.: Die Umlaufrädergetriebe. München: C. Hanser Verl. 1950.

[79] POPPINGA, R.: Stirnrad-Planetengetriebe. Stuttgart: Franckh'sche Verlagshandlung 1949.

[80] POPPINGA, R.: Berechnung und Gestaltung von Zahnrad-Planetengetrieben. Z. Konstruktion 2. Jahrg. (1950) Heft 2, S. 33/41.

[81] WOLF, A.: Die Grundgesetze der Umlaufgetriebe. Braunschweig: Vieweg Verl. 1958.

[82] WOLF, A.: Die Umlaufgetriebe und ihre Berechnung. VDI-Z. Bd. 91 (1949) Nr. 22 S. 597/603.

[83] v. THÜNGEN, H.: Leistungsverzweigung in Getrieben. ATZ, 54. Jahrg. (1952) Nr. 2, S. 44/47.

[84] WILKINSON, W. H.: Four Ways to Calculate Planetary Gear Trains. Machine Design, 7. Jan. (1960), S. 155/159.

[85] GACKSTETTER, G.: Auswahl von Planetengetrieben zur Leistungsverzweigung für Regelgetriebe. Z. Konstruktion 17. Jahrg. (1965) Heft 9, S. 349/355.

[86] NIEMANN, G. u. G. LECHNER: Berücksichtigung des Schmierstoffs bei der Berechnung von Zahnradgetrieben. VDI-Berichte Nr. 85 (1964), S. 29/37.

[87] DIN 387: Flachriemen; Maße, Werkstoff, Ausführung (1955, Entwurf).

[88] DIN 2215: Endlose Keilriemen (1962, Entwurf).
DIN 2218: Keilriemen; Berechnung der Antriebe und Leistungswerte (1941).
DIN 7753: Schmalkeilriemen (1959).

[89] DIN 111: Riemenscheiben, Hauptmaße (1954).
DIN 2217: Keilriemenscheiben (1940).
DIN 42947: Riemenscheiben für Flachriemen für elektrische Maschinen (1960).

[90] DAHL, A.: Selbstspannende Riementriebe. Z. Konstrukstruktion 6. Jahrg. (1954) Heft 8, S. 296/299.

[91] SCHLUMS, K. D.: Konstruktionen stufenlos verstellbarer Keilscheiben-Umschlingungsgetriebe. Antriebstechnik 5 (1966) Nr. 1, S. 18/23.

[92] DIN 8180: Rollenketten; Abmessungen, Gelenkflächen, Bruchlasten (1961).
DIN 8187: Rollenketten mit erhöhten Leistungen; Abmessungen, Bruchlasten, Gelenkflächen (1956).

[93] DIN 8188: Hülsenketten, Rollenketten, amerikanische Bauart; Abmessungen, Bruchlasten, Gelenkflächen (1956).
DIN 8195: Hülsenketten, Rollenketten; Berechnung der Antriebe (1963).

[94] DIN 8190: Stahlketten, Zahnketten mit Innenführung (1954).

[95] BENSINGER, W. D.: Die Kette zum Antrieb der Nockenwelle bei Kraftfahrzeugmotoren. Z. Konstruktion 6. Jahrg. (1954) Heft 5, S. 180/183.

[96] SCHNEIDER, O.: Eigenschaften und Anwendung des REIMERS-Kettenwandlers. Vortrag am 14. 10. 65 auf der Landmaschinen-Konstrukteur-Tagung, Völkenrode. Sonderdruck der Zahnradfabrik Friedrichshafen.

[97] THOMA, J.: Hydrostatische Getriebe. München: C. Hanser Verl. 1964.

[98] KRUG, H.: Flüssigkeitsgetriebe bei Werkzeugmaschinen. Berlin, Göttingen, Heidelberg: Springer Verl. 1959.

[99] BARTHOLOMÄUS, W. und H. KRÜGER: Hydrostatische Bauelemente. Z. Konstruktion 13. Jahrg. (1961) Heft 10, S. 373/382.

[100] MARKS, K.: Hydraulische Antriebe im Ackerschlepper. Z. Konstruktion 13. Jahrg. (1961) Heft 10, S. 383/390.

[101] MOLLY, H.: Hydrostatische Fahrzeugantriebe – ihre Schaltung und konstruktive Gestaltung. ATZ 68. Jahrg. (1966) Nr. 4, S. 103/110 und Nr. 10, S. 339/346.

[102] FÖTTINGER, H.: Über die Fortbildung des Turbinenprinzips. Z. angew. Math. Mech. Bd. 5 (1925), S. 490/493.

[103] KICKBUSCH, E.: Föttinger-Kupplungen und Föttinger-Getriebe. Berlin, Göttingen, Heidelberg: Springer Verl. 1963.

[104] HELFER, F.: VOITH-Strömungsgetriebe für Straßen- und Baufahrzeuge. ATZ 68. Jahrg. (1966) Nr. 4, S. 114/120.

[105] LANG, H.: Hydraulische Kupplungen. VDI-Z. Bd. 102 (1960) Nr. 12 S. 447/453.

[106] STÜPER, J.: Automatische Automobilgetriebe mit hydroaynamischer Kraftübertragung. Wien, New York; Springer Verl. 1965.

[107] • HAGEDORN, L.: Konstruktive Getriebelehre. Hannover, Verl. H. Schroedel, 1965.

[108] Van HATTUM, P. W. und H. G. BALLOT: Tandwielen. S'Gravenhage, Holland, 1953.

[109] OTT, A.: Zur systematischen Synthese mehrgängiger Umlaufräder-Schaltgetriebe. ATZ 70. Jahrg. (1968) Nr. 1, 3 und 4.

[110] FÖRSTER, H. J.: Getriebeschaltung ohne Zugkraftunterbrechung. Automobil-Industrie 21 F, Oktober (1962) S. 60/76.

[111] SCHWAB, O.: ZF-Hydromedia-Getriebe. Verkehr u. Technik, Sonderheft zur 38. IAA Frankfurt (1957) S. 46/48.

Stichwortverzeichnis

SAMMLUNG GÖSCHEN

Kinematik von H. R. Müller. 171 S., 75 Fig. 1963. (584/584 a)

Gießereitechnik von H. Jungbluth. 2 Bde.
I: Eisengießerei. 2. Aufl. In Vorb. (1159)

Die Dampfkessel einschließlich Feuerungen und Hilfseinrichtungen. Physikalische und chemische Grundlagen, Berechnung und Konstruktion, Vorschriften und Beispiele von W. Marcard. 3., neubearb. Aufl. von G. Beyer. 3 Bde.
I: Physikalische und chemische Grundlagen, Wärmelehre, Wärmeübertragungen, Verbrennung. 133 S., 35 Bild., 26 Tab. 1964. (9/9a)
II: Berechnung und Konstruktion. Dampfkessel, Hilfseinrichtungen. Feuerungen, Berechnung. 108 S., 45 Bild. 1966. (521/521a)
III: Vorschriften und Beispiele. Rechtliche Grundlagen, wärme- und festigkeitstechnische Berechnung, Ausrüstung. 116 S., 13 Bild., Tab., Übersichten. 1969. (1203/1230 a)

Verbrennungsmotoren (Kolbenmotoren) von W. Endres. 3 Bde.
I: Überblick. Motor-Brennstoffe, Verbrennung im Motor allgemein, im Otto- und Diesel-Motor. 2. Aufl. 192 S., 57 Abb. 1968. (1076/1076 a)
II: Gaswechselvorgang. Aufladen, Leistung, mittl. Druck. Reibung Wirkungsgrade und Kraftstoffverbrauch. 152 S., 62 Abb. 1966. (1184/1184 a)
III: Die Einzelteile des Verbrennungsmotors. In Vorb. (1185/1185 a)

Autogenes Schweißen und Schneiden von H. Niese. 5. Aufl., neubearb. von A. Küchler. 136 S., 71 Fig. 1953. (499)

Die elektrischen Schweißverfahren von H. Niese. 2. Aufl., neubearb. von H. Dienst. 136 S., 58 Abb. 1955. (1020)

Die Hebezeuge. Entwurf von Winden und Kranen von G. Tafel. 2., verb. Aufl. 176 S., 230 Fig. 1954. (414/414 a)

Vermessungskunde von W. Großmann. 3 Bde.
I: Stückvermessung und Nivellieren. 13., verb. Aufl. 162 S., 132 Fig. 1969. (468)
II: Horizontalaufnahmen und ebene Rechnungen. 10., verb. Aufl. 149 S., 101 Fig. 1967. (469/469 a)
III: Trigonometrische und barometrische Höhenmessung. Tachymetrie und Absteckungen. 9., verb. Aufl. 145 S., 101 Fig. 1969. (862)

Kartographie von V. Heissler. 3. Aufl. 213 S., 125 Abb., 8 Anl. 1968. (30/30 a)

Photogrammetrie von G. Lehmann. 3., neubearb. Aufl. 216 S., 141 Abb. 1969. (1188/1188 a)

WALTER DE GRUYTER & CO · BERLIN

FSC
www.fsc.org
MIX
Papier | Fördert gute Waldnutzung
FSC® C083411

Zeitfracht Medien GmbH
Ferdinand-Jühlke-Straße 7
99095 Erfurt, Deutschland
produktsicherheit@kolibri360.de